JN108239

宇宙地政学と覇権戦争

無法地帯の最前線

The Future of Geography

Tim Marshall

ティム・マーシャル

甲斐理恵子訳

原書房

宇宙地政学と覇権戦争

無法地帯の最前線

目次

家族へ

プロローグ

「行ったことがない場所もあるが、いずれ行こうと思っている」
スーザン・ソンタグ

わたしたちは世界をくまなく調べ、世界は有限だと知った。土地や資源が枯渇（こかつ）し始めたいま、空に浮かぶ大きく美しい天体――月――に、わたしたちが必要とする鉱物や物質がみちあふれていることがわかった。月はロケット発射台でもある。太古の人々が島から島へ移動しながら海を渡ったように、月があればわたしたちも太陽系を渡りさらに彼方へ到達できるだろう。

となれば、いまわたしたちが新たな宇宙開発競争の渦中にあるのは当然だ。勝者が戦利品をつかむ。これは人類が確実に勝者になるための挑戦になるだろう。

宇宙は、まさに人類誕生の瞬間から人の生命を形成してきた。天界は人類初期の創造物語を語り、文化に影響を与え、科学の進歩を後押しした。しかし、わたしたちの宇宙観は変化している。それはいま、かつてないほど地球の地政学の領域に入りつつあるのだ。人類は国家、企業、歴史、政治、紛争を、はるか頭上の宇宙へ持ちだしている。そのせいで地上の生活に大変革が起こるかもしれない。

宇宙はすでにわたしたちの日常生活をかなり変えている。通信、経済学、軍事戦略の中心であり、国際関係にとってもしだいに重要になってきた。現在は人々が激しい戦いを繰り広げる最新の闘技場にもなりつつある。

宇宙が21世紀の巨大な地政学の物語になるという兆候は、長い時間をかけて積み上げられてきた。近年の例では、月でレアメタルと水が発見されている。イーロン・マスクのスペースXをはじめとする民間企業が、大気圏突破のコストを大幅に下げた。そして大国は地上からミサイルを発射し、新兵器の実験のために自国の人工衛星を爆破している。こうした出来事はすべて、姿を見せつつある大きな物語の断片だったのだ。

その物語を理解するためには、地政学を通して宇宙を見るといいだろう。そこには旅に適したルートもあれば、重要な天然資源が豊富な領域もある。何かを建てられそうな土地や、避けるべき危険な災害もある。ここ数十年間は、これらすべてが人類共通の財産とみなされてきた――いかなる主権国家もその名において宇宙を開拓したり所有権を主張したりすることはできなかったのだ。しかし、高尚だが時代遅れで強制力のない文書に祀(まつ)られているこの考えは、ひどくぼろぼろになってきた。地球の国々はどこも他国を出し抜こうと機会をうかがっている。有史以来ずっと、天然資源を利用できた幸運な文明はテクノロジーを発達させていっそう強くなり、最終的には支配的立場を手に入れた。

だが今後も必ずそうなるとは限らない。宇宙での協力例は数多いし、医薬品やクリーンエネルギー等の分野で開発された宇宙関連技術の多くはわたしたちの助けになるだろう。世界を滅ぼす可能性のある大型小惑星の軌道変更の方法に取り組んでいる国もある――これ以上の共通財産はないと言える。SF作家ラリー・ニーヴンは「恐竜が絶滅したのは宇宙計画を持っていなかったからだ」と語った。あれほどの小惑星がまた落ちてきたら、厄介(やっかい)どころの話ではない。

わたしたちが現在地に到達するまで、長い時間がかかった。ビッグバン宇宙論によると、数千年の誤差はあるかもしれないが137億年前、現在宇宙にあるものすべてが、無のなかに存在するごくごく小さな粒子ひとつに圧縮されていた。宇宙にかんする概念のなかには理解が難しいものもあり、「無」についても科学者が際限なく議論している。彼らは量子真空といった概念を生み、宇宙のさざ波によってあらゆるものが突然発生したと論じているが、そうした理論を何度読んでもわたしにはさっぱり理解できなかった。宇宙は膨張し続けているらしい――だが、どこへ向かって？　現在の境界の外側には何があるのか？　わたしには無というものが想像できないのだ。灰色の（ベージュでも可）どこまでも続く壁が思い浮かぶが、それもほんの一瞬だ。なぜなら、もちろん、灰色とはすでに何かであって、無ではないからだ……ここでわたしはあきらめてしまう。幸い、理論物理学者や宇宙学者はもっと意志が強い。

「無」から粒子が爆発的に誕生した――だがそれは「ピカッ、バン、ドーン！」というより「バン、ドーン、ピカッ！」に近かった。光の粒子が初めて出現するのに38万年かかったからだ。この宇宙初期の残光は宇宙マイクロ波背景放射と呼ばれ、最新の宇宙望遠鏡で観測できる――はるか昔に、ほぼ宇宙の始まりまでさかのぼって。古いアナログテレビがあれば、その砂嵐と呼ばれるノイズ画面にも写りこんでいる。宇宙は膨張して冷え、重力がガス雲を生み、それが集まって凝結し、星になった。

現在は、太陽が形成されたのはおよそ46億年前とわかっている――宇宙のなかでは比較的新しい。この新たに誕生した太陽を取り巻く巨大な円盤状のガスとそれより重い破片が、太陽系の惑星とその衛星を作った。

惑星地球は太陽から数えて3番目の岩塊だ。まさにちょうどいい場所にある。実際、いまのところ、地球の居場所はそこしかない。というのも、地球が別の場所にあったら――わたしたちはそこには存在しないからだ。ビッグバン以降に起こったことすべてが、現在目にしている地形を形成し、わたしたちをここまで進化させた。地球はゴルディロックス惑星だ。童話に登場する少女ゴルディロックスが熱すぎぎず冷たすぎずちょうどいい温度のお粥（かゆ）を食べたように、暑すぎず、寒すぎず――生物にとってちょうどいい場所なのだ。地球の位置、大きさ、大気、すべてのおかげでわたしたちはずっと地に足をつけている。文字通りの意味で。地球の大きさが意味するのは、重力に大気をつなぎとめるだけの強さがあるということだ。無限の空間でよそに移動したところで、わたしたちは揚げ物になるか、凍りつくか、呼吸可能な空気がないために窒息するかだ。

アメリカの偉大な宇宙学者、カール・セーガンは、著書『百億の星と千億の生命』でつぎのように述べた。「多くの宇宙飛行士は、日光に照らされた半球の地平線に、あの細く輝く繊細な青い光を見たと報告してきた――それは大気全体の厚さを表している――そしてすぐに、誰に命じられたわけでもないのに、そのもろさやはかなさについて考え始めた。彼らは憂慮している。憂慮するだけの理由があるのだ」。そう聞いて、大気をもっと大切にしなければと考える人もいるだろう。

しかし人類はつねにさすらいの旅人だった。そして前世紀に地球を遠く離れ始めた。宇宙は広大なカンバスなので、人類はそのほんの片隅に自分たちの存在をスケッチしたに過ぎない。詳細を描きこむ場所がまだまだ残されている――手に手を取って。平和的かつ協力的な方法で新たなる宇宙時代へ進もうとするなら、わたしたちは宇宙を歴史的、政治的、軍事的コンテクストで理解し、それが未来にとって何を意味するかを把握する必要がある。

本書の冒頭の数章では、宇宙がわたしたちの文化や思想にどのような影響を与えてきたかを知るために、おもに宗教に基づいて形成された社会から、はるばる科学革命に至るまで、過去を振り返る。そこから、宇宙開発競争を促進したのは冷戦だった――それは人類の努力や革新を大きく跳躍させ、最終的にわたしたちは地球の束縛から逃れることができた。ひとたび解放されると、競争に値するチャンスや資源、そして戦略上のポイントに気づき始めた。現在わたしたちは宇宙地政学の時代を生きている。しかしいまのところ、この競争を規制する広く見解の一致したルールは確立できていない。人間の宇宙活動を管理する法律がなければ、天文学的レベルの意見の衝突がいつ起こってもおかしくない。

覚えておくべき現代の主役は、中国、アメリカ、ロシアである。この3か国は独立した宇宙開発国で、彼らが選ぶ道が地球の他の国々に影響するだろう。3か国とも軍隊に一種の「宇宙軍」があり、陸、海、空軍に戦力を提供する。どの国も、宇宙軍に戦闘能力を提供する人工衛星を攻撃したり防御したりする力を増しつつある。

残りの国々は、このビッグ・スリーには太刀打ちできないと理解しているが、それでも地球から上昇するものと空から下降するものについて発言権を持ちたいと思っている。そのため選択肢を査定し、「宇宙連合（スペースブロック）」に足並みをそろえている。ひとつの団結した惑星として前進する方法がみつからなければ、避けようのない結末が待っている。競争とおそらくは衝突が、宇宙という新たな闘技場で繰り広げられることになるのだ。

そして最終章では、はるか未来に目を向けて、宇宙がわたしたちに何を差し出してくれるのか、確認しよう——月で、火星で、さらに遠くで。

月は潮を岸へ引き寄せ、人類は月面に引き寄せられる。オオカミは鼻先を上げて夜空に浮かぶ銀色の円盤に遠吠えをする。人類は空を見上げてさらに遠くに、無限の彼方に目を向ける。わたしたちはつねにそうしてきたし、いまもその途上なのだ。

第1部

星への道筋

第1章

空を見上げて

「地球上のことにしか関心を持たなければ、
人間の精神は制限を設けられるだろう」
スティーヴン・ホーキング

ちかちか瞬く（またたく）星々は、多くのことを物語る。宇宙へ旅立つことを夢見るはるか以前、人工の光が視界をくもらせる以前、人々は空を見上げてこう自問した——なぜ何もないのではなく、何かがあるのか？　人類の努力の大半は、あの星々に到達したいという願望に突き動かされてきた。

初めて記録された天地創造や神々、星座についての説は、先史時代までさかのぼる口頭伝承から生まれたに違いない。太古の文明はすべて、何が自分たちを創造したのか、自分たちは何者か、自分たちの役割は何か、そしていかに振る舞うべきかを天に見出した。もし神々が——目に見えるものの説明になる何かが——存在するならば、なかには天空で生きているものもあるだろうと信じるのは筋が通っていた。

人間は何かを目にするとそこに図案を見出すようにできている。人々は空に瞬く点と点をつないで、地上で目にするものや言い伝えに関連する絵を思い描いた。暑い地方で暮らす人々にはサソリやライオンの形が見えたのだろうし、寒い場所の人々にはヘラジカの形が見えたのだろう。フィンランドではオーロラが「狐火」と呼ばれるが、それは魔法のキツネがしっぽで雪を天にまき散らすという太古の物語が理由だ。一方アフリカの一部には、太陽が夜空に隠れると、空の穴からその光がもれて星に見えるという伝説がある。星はわたしたちの物語や神話、伝説とは切っても切れない関係だったのだ。

空を分析し理解しようとした人々の最初期の証拠らしきものは、最終氷期が終わりに向かう約3万年前にさかのぼる。1960年代初頭、先史学者アレクサンダー・マーシャックは、動物の骨に彫られたさまざまなしるしを月の満ち欠けの周期と解釈した。骨には28個と29個の点が刻まれ並んでいる。旧石器時代後期の女性や男性が厳密には何を知っていたのか、専門家の議論はいまだに続いているが、星の研究をしていたことを示すまとまった証拠が存在する。

科学者は、こうした初期の天文学者は長旅の狩猟や移住の際に、そしておそらく儀式にも、持ち運び可能な暦を利用したと推測している。時を示す方法が発達したのもうなずける。人々は、たとえば蚊のシーズンがいつ始まるのか、実が熟した木を目指していつ移動すればいいかを知る必要があったのだ。

空をみつめることのより実用的な側面も、狩猟採集社会が定住性になるにつれて重要度を増していった。これはおよそ1万2000年前に始まった変化だ。最初の農民と牧畜民はいつ種をまけばいいか、収穫まではどれくらいかかるかを知る必要があった。ヨーロッパで発見された約1万年前の新石器時代の洞窟壁画のなかには、星の位置の描写と考えられているものもある。ここでもさまざまな意見が交わされているが、いくつかの動物の絵は星座の形を描いているのだ。澄み切った夜空を見上げた人々は、時間が変わると光の位置も変わることに気づいたに違いない。たとえ365回の昼と夜がひとつの時間単位に等しいことはまだ突き止めていなかったとしても。

当時、惑星や星の動きを実際どのように測定していたのか、その立証までの道のりはまだまだ遠い。ストーンサークル建造の始まりに到達しても、証拠は不完全だ。

知られているもののなかで最古のストーンサークルは、現在のエジプトにあるナブタ・プラヤ遺跡だ。それは「サハラ砂漠のストーンヘンジ」とも呼ばれるが、世界でもっとも有名なそのイギリスの「ストーンヘンジ」よりナブタ・プラヤのほうが2000年も早く、いまから約7000年前に造られたことを考えると、少々気の毒な愛称だ。これは、遺跡が発見されたのがごく最近の1970年代で、1990年代にようやく全体が発掘されたためだ。ナブタ・プラヤは、半遊牧民がいつ移動すべきかを知る術として造ったと考えられている。数々の石が夜空でもっとも明るいシリウス等、代表的な星の方角を指すように並んでいたことが証明されている。

さらに想像をたくましくすると、そうした星との距離まで示していそうだが、その証拠をみつけるのは難しい。研究者によると、そのような証拠は存在しないからというのがおもな理由だ。

ストーンヘンジや北西ヨーロッパの他のストーンサークルにも同じことが言える。ストーンヘンジが最初に造られたのは約5000年前で、そのころすでにその地域では農耕の生活様式が1000年間続いていた。ストーンヘンジは冬至と夏至になると太陽の光が一直線に射しこむと言って間違いないが、それ以上の天文学との関連はもっと不確かだ。そこから3キロの距離にある居住地に捨てられていた3万8000もの動物の骨から、ストーンヘンジ付近で大規模な祝宴が開かれたことがわかっている。だがあいにく、ドルイド［古代ケルト族の祭司］はそういった祝宴には参加していなかったようだ。彼らが大ブリテン島に現れるのは、それから2000年後のことなのだから。現在白いガウンをまとい木の枝を手にしてその地に押し寄せる人々もかなりがっかりするに違いない。

人々が高度な知識と星の動きを正確に予測する能力で天空を分析していた証拠が現れ始めるのは、さかのぼること約4000年前だ。筆記の術と数学がその大躍進の鍵だった。

紀元前1800年頃、バビロニア人は彼らが制圧したシュメール人からアイデアを借りて、夜空に見える星座に基づいた黄道十二宮を書き記した。バビロニア人は長いあいだ、神々が飢饉をはじめとする未来の出来事について天から警告を発していると信じていた。司祭は天空の動きを粘土板に記録する技術を身につけ、12の月を中心とする暦の構想をまとめた。それはまだ簡単な仕事だった。その後データを整理し発展した数学を利用すること数世代、惑星は毎年同じ動きを見せるわけではないが、長期で見ると同じパターンが繰り返されていることがわかった。これによりバビロニア人は、未来の特定の日に空のどのあたりにどの惑星が位置しているかを推定できるようになった。

1週間を7日に分割するのは、おもにバビロニア人の影響だ。彼らは7つの星を観測し、それぞれが特定の日に目撃されるので、28日の月のサイクルを7で分割して4つのパートに分けた。当時エジプトでは1週間が10日だった。その暦が続いていたら、1週間の労働時間がいまより長くなっていただろう。では、週休2日制は？　実際バビロニア人が定めた休日は1日だった。だがその点は、神が7日目に休みたいと言うのならわたしたちもそうすべきだと知らせてくれたヘブライ人にも感謝すべきだろう。しばらくのちに、神が望もうと望むまいと、労働組合が休息日をもう1日勝ち取った。

アッシリア人やエジプト人をはじめとする民族は、天文学の分野で似たような発展を遂げたが、人々はいまだに天の出来事は神々が原因だと信じていた。天文学と占星術は切っても切れない関係だったのだ。古代ギリシア人は、こうした科学の先駆者の後を継ぎ、やはり同じように考えた。ギリシア人は宇宙論に他の文明とはまったく違う影響を残した。星空を見上げることで、彼らは世界の見方も変えたのだ。

ギリシア人は、数世紀にわたりバビロニア人から学んでいた。ピュタゴラスもバビロニア人の知識から学んだひとりで、紀元前550年頃、明けの明星と宵(よい)の明星が同じもの——金星だということを突き止めた。彼や他の人々が突破口を開いたのは、幾何学と三角法を宇宙の謎に当てはめたときだった。

その偉人のひとりがヒッパルコスだ。ギリシア語で「星をつかむもの」を意味するアストロラーベという天体観測器を考案したと言われている。これは古代人にとっての「スマートフォン」だが、現在の消費者向け技術とは違い、あらかじめ耐用年数は決められていなかった。そのためアストロラーベは約2000年間利用された。それを使えば自分がいまどこにいるのか、時間は何時か、いつ太陽が沈むのかがわかり、星占いもできた。数枚のスライドするプレートで構成され、地球の緯度線や特定の星の位置が示されていた。古代ギリシア世界で誕生したアストロラーベはアラブ諸国へ、のちに西欧へと広まった。イスラム教徒はアストロラーベを使ってメッカの方向を示した。コロンブスがアメリカ大陸を発見した航海でもアストロラーベが使われていた。

アリストテレスは紀元前350年に著した『天体論』等で地球球体説を唱えたが、ギリシア人はその数世代前から地球は丸いと信じていた。アリストテレスは、月食のときに月に映る地球の影が丸いことをその根拠とした。もし地球が平らな円盤なら、いつか日光がその側面を照らした時点で月に映る影は直線になるはずだ。そうならないということは、地球は丸いと考えるのが論理的だ。

アリストテレスは、スタディオン（stades）という長さの単位（ここからスタジアムstadiumという言葉が生まれた）で距離を測り、地球の外周は約40万スタディア［スタディオンの複数形］――約7万2000キロだと発見した数学者たちについて書き残している。彼らの計算結果は実際より3万2000キロ長いが、わたしたちから見ればそれでも大きな飛躍だ。

それから約100年後、キュレネのエラトステネスが地球の外周を正確に測る方法を編みだした。彼はエジプトのシエネ（現アスワン）に、毎年夏至になるとまったく影を落とさずに太陽光が底まで届く井戸があることを知っていた。つまり、太陽がまっすぐ頭上にあるということだ。そこで彼は、アレクサンドリアで夏至の日の正午に棒の影の長さを測った。そこから、ふたつの都市のあいだの太陽の高さの違いは、地球のカーブした地表に沿って7・2度あると算定した――360度の円のおよそ50分の1だ。あとはアレクサンドリアからシエネまでの正確な距離さえわかればいい。エラトステネスは同じ歩幅で歩くように訓練されたプロの測量技師を雇い、その距離は5000スタディアだと報告を受けた。彼が出した結論は、地球の外周は4万250〜4万5900キロのあいだという数字だ。現在一般的に認められている実際の外周は、4万75キロである。

本質的にギリシアの学問は、宇宙の根底には秩序があり、それは観察と数学によって発見でき表現され得ると論じていた。世界は神々との関係性によってではなく、自然のなかに存在する法則によって理解できるという考えの始まりだ。ギリシア人は月の外周や、地球から月への距離、そして月から太陽への距離を知ろうとした。しかし、その見積もりは一貫してかなり短く、彼らが構築した惑星の動きの理論モデルでは惑星が地球の周囲を回っていた。その説はルネサンス時代まで生き残った。

かつて存在した多くの偉大な科学者のなかで頂点を極めたのが、クラウディオス・プトレマイオス（紀元100年頃～170年頃）だ。彼は古代ギリシアの天文学を要約し、太古の星図を48の星座に分類し（現在の星座は88）、名前をつけた。それは現在も多くの言語に普及している。みずがめ座、ペガスス座、おうし座、ヘラクレス座、やぎ座等々は、すべてプトレマイオスの著書に書き記されていた。プトレマイオス自身はそれを『数学大全 *The Mathematical Collection*』と呼んだが、世間にはアラビア語の書名『アルマゲスト』として知られている。だがプトレマイオスもまた先達たちと同じ思考回路で身動きがとれなくなった。つまり、地球が宇宙の中心であり、惑星がその周囲を回っているという考えだ。

この天動説モデルは、彼らが実際に知っていたことと理論によって導きだされたことに基づいており、1500年以上揺るがなかった。この伝統的見解の初期に異議を唱えた人物がいる。サモスのアリスタルコス（紀元前310～230年）が、地球が太陽の周りを回っていると主張したのだ――太陽を中心とする宇宙モデルだ。だが学者たちは賛同しなかった。

アリスタルコスや他の人々は、月への距離を正確に算出していた。しかし、太陽まではそのわずか20倍程度と見積もっていた――相当短めだが、それでもかなりの距離だ。ギリシア人は慎重過ぎるほどに慎重だった。その距離の差を受け入れることは、茫漠たる広さの宇宙を受け入れることに等しい。そのために必要な発想の切り替えが、彼らにはできなかったのだ。太陽のつぎに地球に近い恒星プロキシマ・ケンタウリは、約40兆キロ離れている。過去最速の宇宙船でも1万8000年かかる計算で、21世紀の現在でも理解が追いつかない距離だ。ギリシア人が手持ちのもので発見した多くのことがらは、人類の長い歴史のなかでもっとも偉大な知性と科学の功績のひとつなのだ。

ギリシア人の勢力が弱まると、ローマ人が天文学を発展させる機会を得た。しかし、ギリシア人のように積極的に数学を取り入れることは決してなかった。ギリシア人が関心を持った占星術に、ローマ人はすっかり夢中になったのだ。とくに紀元前27年にローマ帝国を築いてからはそれが顕著だった。地球から太陽までの距離などどうでもいい、それより火星と金星の関係はどうなっている？　皇帝の生命がそれにかかっているかもしれないのだ！　ローマ人は、5世紀に西ローマ帝国が滅亡するまでずっと、占星術を使って政治問題の予測を立てていた。滅亡が迫っていることはどうやら見えなかったらしい。

この間に、中国人が天文学の技術を磨き、実用的な時間区分の方法を発見していた。数学者の祖沖之（429～500年）は、1年を365日とし、391年に144回の閏月を置く「大明暦」を作成した。祖は、自身の発見は「精霊や幽霊からではなく、丹念な観察と正確な数学的計算から」導きだされたものだと記している。

祖の手法の裏には、ギリシア人を駆り立てたのと同じ理念（エートス）があった——世界を説明するための経験的事実の研究だ。しかし、いまだに神々や幽霊がほぼ世界中の思考を支配していた。こうした考え方に大きな跳躍が起こるには、イスラム王国ですぐれた才能が一気にあふれるのを待たなければならなかった。

8～15世紀にかけて、現在の中央アジア諸国からポルトガル、スペインに至る広大な地域で、イスラム文化が初めてギリシアの天文学を会得し、イスラム知識の「黄金時代」と呼ばれる時代にさらに発展させた。900年には、アル＝バッターニーが1年の長さをわずか数分短くし、それによって地球から太陽の距離が変化したことを示唆した。これを受けて、惑星の軌道はおそらく完全な円ではないこともわかった。地球は動かないという考え方に疑問を呈する学者も出始め、地球の自転が受け入れられるようになった。聡明な博識家、ナシールッディーン・トゥーシは、プトレマイオスの天動説は等速円運動の理論に基づいていないとして反論した。しかし、またしても、地球が太陽の周りを回っているという説に至る思考の大跳躍は起こらなかった。

イスラム世界の「黄金時代」が煌々（こうこう）と輝いていたころ、ヨーロッパはかつて「暗黒時代」と称された時期のただ中にあった。現在歴史家は侮蔑の意味合いが薄い「中世前期」という呼称を選ぶ。それはだいたい5～10世紀を指し、ローマ帝国の滅亡からヨーロッパにおける都市生活への回帰の始まりまでの時期だ。あらゆるものにふさわしい場所があり、あらゆるものがその場所に収まっている時代だった。空ではすべての天体が地球の周りを回り、地球が宇宙の中心に収まっていた。これを超越した存在が神だった。地上には、王、聖職者、貴族、農奴が存在した。そして誰もが自らの運命に満足すべしとされた。農奴は概して読み書きができないので、彼らが同意していたかどうかを知るのは容易ではないが。「暗黒時代」という言葉は、イタリアの学者ペトラルカ（1304～74年）が生んだ。彼はギリシア人やローマ人の輝かしい聡明さに比べてヨーロッパ人は無知の闇のなかに生きていると感じていた。叙事詩『アフリカ *Africa*』ではつぎのように記している。「この忘却の眠りは永遠には続かない。闇があとかたもなく消えたとき、わたしたちの子孫はふたたび以前の清冽（せいれつ）な輝きのなかに入ることができるのだ」。ペトラルカはルネサンス時代の先端を生きた——彼がその時代を「清冽な輝き」と考えたのももっともだ。天文学と、宇宙における人間の立ち位置の理解を向上させるその役割にとっては、間違いなくそういう時代だったのだ。

中世前期のあいだ、ヨーロッパ人が手にできる天文学関連の偉大な科学書はまったくなかった。この状況は、クレモナのジェラルド（1114～87年）らがアラビア語の学術書を翻訳したことで変わり始める。ジェラルドは当時カリフの統治区域だったトレドへ赴き、アラビア語を学んでプトレマイオスの『アルマゲスト』をラテン語に翻訳した（オリジナルのギリシア語版は何年も前から失われていた）。これが彼と学者仲間が翻訳した80点のうちの最初の作品だ。古代ギリシア・ローマの文芸の復興はルネサンスの柱のひとつで、知識への扉を開いた。そこから何世代にもわたって過去の知識の上に新たな事実が築かれ、現在は科学革命と呼ばれている16世紀に始まった流れに貢献した。それは困難な道のりだった。地球を宇宙の中心とする宇宙観はカトリック教会に公認されていたので、それに反証しようとする者は異端者とみなされ、ただではすまなかった。

ヨーロッパの天文学が古代ギリシア人やイスラム教の黄金時代の専門知識に肩を並べるまで、数世紀かかった。新境地が開かれたのは、ようやく1543年のことだった。その年、ポーランドの天文学者、ニコラウス・コペルニクスが『天体の回転について』を出版し、天動説は誤りであると示唆したのだ。

コペルニクスは慎重に言葉を選び、「もしも地球が動いているなら」と表現している。当初、批判はほとんど聞こえてこなかった。彼は教会の要職に就いていたし、「もしも」と仮定していたからだ。しかもまるで気をきかせたかのように、本の出版から2か月後に亡くなった。しかし、カトリックとプロテスタントの聖職者は彼の主張を覆そうと必死になり、科学が教会の教えに異を唱えることはできないと通告した。

1584年、イタリアの天文学者、ジョルダーノ・ブルーノが『無限、宇宙および諸世界について』を出版した。彼はそのなかでコペルニクスを擁護し、宇宙は無限であり、そこには無限の世界があふれ、知的生命体が生息していると論じた。ブルーノは裁判にかけられ、8年間獄中で過ごしたのち、自身の説を曲げなかったために異端とみなされて火あぶりの刑を宣告された——だが死を招いた原因は、彼の宇宙観よりも、実体変化［聖餐のパンと葡萄酒がキリストの身体と血に変わること」をはじめとするカトリックの根幹をなす教義に疑問を呈したことが大きかったようだ。

つぎに登場したのがガリレオ・ガリレイである。発明されたばかりの望遠鏡を使って夜空の観察結果を体系的に記録した初めての人物だ。１６１０年には『星界の報告』を出版して名を上げたが、そこで説いた天動説への異論のために命を落としかけた。

ガリレオが行った太陽系惑星の動きの観察研究は、コペルニクスが唱えた地球が太陽の周囲を回っているという説と一致しているようだった。ガリレオが異端として訴えられるのに時間はかからなかった。彼の説が聖書の教えに矛盾するというのが告発理由だった――とりわけヨシュア記10章13節では、太陽に向かってとどまれと呼びかけられる――すると「日はとどまり／月は動きをやめた／民が敵を打ち破るまで」。太陽は動いていると聖書が言ったなら、誰が反論するだろう？

ローマ教皇は、地動説を禁じるよう命じた。教会は、このような新しい考えは危険であり、社会の階級制度や教会の正統性を、最終的には教会の権威をひっくりかえす地殻変動を起こしかねないと知っていたのだ。もしも地球が宇宙の中心ではなかったら――そもそも宇宙の中心などわからなかったら――では、人間の存在は重要だと言えるのだろうか？　フランスの神学者にして哲学者、ブレーズ・パスカル（１６２３～62年）は、その言外の意味を理解していた。「無限の宇宙の茫漠に飲みこまれ、わたしは怯えている。宇宙についてわたしは何も知らず、宇宙もわたしについて何も知らない」

ガリレオはしばらくこの議論から離れていたが、1623年に教皇に選任されたウルバヌス8世がガリレオにこの問題について書くように勧め、とくに地球中心説を擁護するよう求めた。ガリレオは1632年に『天文対話』を出版した。微妙なニュアンスを含む書籍だったが、地球が動いている可能性を支持する立場だった。教皇はおもしろく思わず、こうして2か月におよぶガリレオの裁判が始まった。

ガリレオは、コペルニクスの見解を支持する意図はなく、著書はその説について議論するための手段にすぎないと弁明した。だがその甲斐なく、「地球は動いており世界の中心ではないという説（聖書に背く偽り）を信じ、それを維持した」として有罪になった。自宅軟禁と「週に1回、贖罪のために痛悔詩篇（つうかいしへん）7篇を暗唱すること」を言い渡され、軟禁状態のまま1642年に亡くなった。

これでもまだ良いほうだったかもしれない。ガリレオが世界一有名な科学者ではなかったら、ジョルダーノ・ブルーノのように苦痛を味わいながら亡くなっていたかもしれないのだから。1992年、裁判から359年後、バチカンはついにガリレオの有罪は誤りだったと認めた。

教皇の怒りにもかかわらず（だがおそらく神は怒っていない）、知識の潮流は聖職者にとっては困った方向へ流れていた。天体の研究が数世紀にわたって受け入れられてきた叡智を覆し、根本的に新しい世界観へと進んでいたのだ。古の神々は疑問を投げかけられていた——意図的であろうとなかろうと。

ガリレオの死の1年後、アイザック・ニュートンが生まれる。彼は以前のものより宇宙が鮮明に見える望遠鏡の開発にとりかかった。1687年の『プリンシピア——自然哲学の数学的原理』をはじめとする著書では、運動の法則と引力について世に発表し、物理学と天文学の新時代の到来を告げた。

ニュートンは、神を葬るのではなく称えるようになった。宇宙について発見が増えれば増えるほど、その壮大な構造には設計者がいるに違いないと確信するようになった。「太陽、惑星、彗星からなるこのもっとも美しい仕組みは、知性と力のある存在の意図と支配によってのみ誕生し得た」のだ。

ニュートンは地動説に賛同した。ガリレオは、現在引力と呼ばれているものにかんする実験を行っていたが（ピサの斜塔から物を落としたらしい）、引力の法則は万物に当てはまり、地上と同じく宇宙でも同じことが言えるというニュートンの説はおおいなる跳躍だった。過去の偉人と同じように、彼は実証実験と沈思黙考を組み合わせることで歴史の転換点に到達した。

リンゴはなぜ地面に向かってまっすぐ落ちるのか？　失速した砲丸はなぜ曲線を描いて落ちるのか？　それらを地面に引き寄せる奇妙な力はいったい何なのか？　ニュートンの万有引力の法則は、あらゆる物体は互いに引き合い、その際発揮される力は物体の質量と互いの距離に応じると説明した。そのため、たとえリンゴを世界一高い山からまっすぐどこまでも進み続けるスピードで投げたとしても、それは一直線に宇宙空間へ向かうのではなく、途切れることなくカーブを描きながら世界の周りに「落ち」、この奇妙な力によって地球近くに保たれる。この力が、ラテン語で重さを意味する「グラウィタス（gravitas）」に由来する引力（gravity）だ。そしてニュートンは、惑星が宇宙の果てへ漂い出ることなく太陽の周りをつねに公転しているのも引力で説明がつくと述べた。大きな物体が小さな物体に近ければ近いほど、その引力も強くなるのだ。

こうした主張にわずかな抵抗を示した科学者もいた。ニュートンの引力は、超自然的な力を信じる原初的な迷信と変わらないというのがその理由だ。だが彼は自説を充分合理的に証明して満足していたし、神を信じることにも不満はなかった。

ニュートンの研究はこれで終わりではない。まだまだ山のようにある。ニュートンの業績は、科学史にもっとも大きな貢献をしたとみなされているのだ。1727年に亡くなると、遺体は1週間ウェストミンスター寺院に公開安置された。イギリスの偉大な詩人、アレクサンダー・ポープは、「神は言われた『ニュートンあれ！』するとすべてが明らかになった」と記した。

これは科学にとって胸躍る時代だった。古代ギリシアやイスラムの黄金時代に似ているが、過去のどの時代よりも速く知識が向上した点では異なる。ひとつひとつの発見が、組織的な宗教とそれが主張する権力のよろいに新たなひびを作った。理性の時代には、聖書に矛盾する主張をした科学者に痛悔詩篇の暗唱を言い渡すのは理不尽なことになった。

天空を見上げることが、わたしたちの考え方や生き方の一大革命につながり、さらなる科学的試みへの道を拓いていた。技術的に進歩した国々の組織的な宗教は、完全にではないものの徐々にその神殿に隠退し、科学が俗世を支配した。

それは奇跡と驚嘆の時代だった。それ以来、わたしたちは大量に学び続けてきた。科学には威厳があり、いま星を見上げたときにそこに多くのものを見出すことができるのも科学のおかげだ。現代の宇宙望遠鏡は、時間をさかのぼり130億年以上ものあいだ旅してきた光を観測することができる。

1931年、天文学者ジョルジュ・ルメートルは、宇宙は1個の小さな粒子の爆発で始まったと示唆し、その粒子を「原始的原子」と呼んだ。この考えは、カリフォルニアの巨大な望遠鏡を使ったエドウィン・ハッブルの観測結果に裏付けされた。観測できる銀河がすべて、地球からあらゆる方角へ猛スピードで遠ざかっているように見えたのだ。このことから、それら銀河がある一時点で同じ起源から生じたに違いないと結論づけるのは理にかなっていた。この説がのちに「ビッグバン」と呼ばれるようになる。当時、世間一般の通念ではおもに定常宇宙論［宇宙は無限に膨張し続けるが時間が経過しても変化しないという説］が支持されていた——宇宙はつねに存在していたし、これからも存在するという説だ。しかし、1950年代に新たに測定された銀河の移動速度から、宇宙の誕生は137億年前と示された。これは人類の宇宙の理解にとって途方もない革命だった。

1990年、重さ12トンのハッブル宇宙望遠鏡が地球の周回軌道に乗った。地球の大気がおよはずす制限からもひずみからも自由になった宇宙望遠鏡は、宇宙をより鮮明な画像でとらえ、いっそう遠い過去を、宇宙とわたしたちの誕生からマイクロ秒後の世界を見せ始めた。現在、赤外線望遠鏡は、人間の目やハッブルのような可視光線望遠鏡ではとらえられないが宇宙塵の中は通過できる赤外線を探知する。その波長や組成を測れば、宇宙の物語を示すデータが手に入る。

こうした発見すべてが、「どのように？」「なぜ？」という疑問への答えを求める信念に駆り立てられてきた。科学は「どのように」の疑問には見事に答えるが、答えがみつかったとしてもそこに新たな「なぜ」が生まれることもしばしばだ。知識は深まっているにもかかわらず、いまだに宇宙の謎や驚異は消えていない。多くの意味で、20世紀の理論や発見は謎を増やしただけだった。その疑問の答えは、宇宙を物理的に探検し始めてようやく得られるのかもしれない。

20世紀初頭の20年間で、世界は量子力学の奇妙さと、アルバート・アインシュタインの相対性理論と時空を知った。量子論が意味するのは、素粒子が構成する謎めいた原子の世界は完全な乱雑さに支配されているということだ。宇宙には法則があるというアインシュタインの（およびニュートンの）見解とは相いれない考えだ。この議論には簡単に触れるだけにしよう。簡単にというのは、実際には量子論をよく理解していないという点では、わたしたちも過去に存在した最高の頭脳の持ち主たちも仲間だからだ。とはいうものの、アインシュタインの反応や彼の発見は、わたしたちの運命が宇宙にある理由について教えてくれる。

量子もつれとは、たとえ何億キロ離れていようと、ひとつの素粒子が別の素粒子に即座に影響することを意味する。ここでのキーワードは「即座に」だ。しかしこの理論は、科学には普遍的な法則があるという、広く浸透している説とはどう考えても合致しない。たとえば、アインシュタインが示したように、物体は光速より速く移動できないといった法則だ。

アインシュタインが量子力学を「不気味な遠隔作用」として否定したのも、科学者たちがその正当性について議論を続けているのもこれが理由だ。それはともかく、量子力学は科学の法則が普遍的ではない可能性を開いた。もしそうなら、光速を超えて移動できる何かが存在するのかもしれないのだ。信じがたい話ではあるが。アインシュタインのもっとも有名な言葉のひとつは、このジレンマに対する反応だった。「神は宇宙を相手にサイコロを振らない」

アインシュタインは、空間は3次元であるというニュートンの説に賛同していた――高さ、幅、長さだ。しかしニュートンは空間のなかの物体はこれらの次元に影響をおよぼさないと考えたのに対し、アインシュタインは影響をおよぼすと述べた。彼の特殊相対性理論では、空間に4つ目の次元である時間が追加され、彼はこの4次元の組み合わせを時空と呼んだ。この新たな第4の次元は、大きな物体によってゆがみ、その結果物体が加速したり減速したりする。空間をウレタンフォームのマットレスと考えてみよう。そこに足を乗せると、あなたの体重で（つまり質量で）マットレスにくぼみが生じる。アインシュタインによると、重力とは時空におけるこのくぼみだという。

わたしたちの祖先は、空を見上げて理解のできない宇宙を目にした。しかしその外見上の秩序を用いて世界の意味を解明した。わたしたちは現在、祖先よりはかなり多くのことを知っているが、それでもいまだにダークマターやブラックホール、時空の構造といった数々の謎に満ちた宇宙に立ち向かい、秩序と法則の概念に挑戦している。これをニュートンはこう表現した。「わたしたちは滴のことは知っているが、大海のことは知らない」

量子力学と時空が、未来の宇宙旅行で可能なことや不可能なことにどうかかわるかは未知数だが、遠い未来に新たな道を開くだろう。ここ1000年の発見があってもなお、答え以上に疑問が多く、わたしたちがまだ知らない、これからわいてくる疑問もまだまだあるからだ。こうした疑問と答えのなかには、地球からははるか遠い場所でしかみつからないものもあるだろう。もっと発見したい、もっと知りたいという欲望は――そして実際にそこへ行きたいという願望は――抑えがたいということがわかっているのだ。

第2章

天空への道

「地球が見える。とても美しい！」

ユーリ・ガガーリン

わたしたちが宇宙との境界線を初めて越えたのは、わずか1世紀ほど前のことだ。技術の進歩は遅々として進まず数千年かかっていたが、20世紀の奇跡と驚異の数十年ですばらしいスパートが見られた。しかし、わたしたちがついにそこに到達したのは、地上の紛争のためだった。わたしたちを天空に連れだした技術は、冷戦時の軍拡競争から誕生したのだ。

人類史のほぼすべての期間で、宇宙はとても近く、同時にとても遠かった。イギリス人宇宙飛行士フレッド・ホイルが1979年に語ったように、「宇宙はまったく遠くない。車がまっすぐ上昇できれば、ほんの1時間のドライブ」なのだ。モータースポーツのF1のエンジニアは、車のエンジン性能を好きなだけアップできる。だが地表を離れて軌道に乗るのに必要な最高スピード、秒速7・9キロに達することはないだろう。一方、ロケットエンジンはというと……。

そう、簡単なことだ。ロケットを使えばいいのだ。ロケットは、店頭で購入し、誕生日や大みそかを祝うために裏庭で打ち上げることもできるほど簡単だ。ところが、人間をロケットに乗せて宇宙に打ち上げることは恐ろしく複雑なので、成し遂げたのは3か国だけだ。

有人宇宙飛行の難しさのひとつは、それに必要な最先端の技術をもってしても、結局は巨大な燃料タンクの上に人間を置かざるを得ないことだ。もうひとつは、燃料の点火だ。スペースシャトルの宇宙飛行士、マイク・マッシミーノの回顧録『スペースマン *Spaceman*』は、この本質をよくとらえていた。彼は楽しげに発射台に向かう仲間たちのことをこう語っている。「みんな頭がおかしいのか？　わたしたちは爆弾に自分をくくりつけて、空へ向かって何百マイルも吹き飛ばされようとしているんだぞ」

まさにその通りだ。シャトルの外部燃料タンクには65万リットルの液体酸素と、170万リットルの液体水素が搭載されていた。その後エンジンはこの燃料を家庭用水泳プールが10秒で空になるペースで燃焼させた。

この基本技術は、9世紀に中国の僧侶たちが火薬で発案した技術とさほど変わらない。火薬とは硫黄、硝酸カリウム、炭の混合物だった。当初は花火に使われたが、中国人は「空を飛ぶ火槍」作りに移行した――自己推進型ロケットだ。16世紀になると、ある人物がこれを使って星への到達を試みたようだ。中国の伝承によると、ワン・フーという男が火薬を詰めた47本のロケットを竹の椅子にくくりつけ、そこに自身を縛りつけて、青い導火紙に火をつけるよう家臣に命じた。そうして彼はわずかに上昇したが、大爆発が起こり大量の煙にまぎれて姿が見えなくなった。その後彼を見た者は誰もいないし、椅子も発見されなかったという。この出来事が実際に起こったことを示す記録や証拠は残っていない。しかし、現在月のクレーターのひとつがワン・フーと名づけられている。

数世紀にわたり、幾度となくロケットが設計されてきたが、成功の度合いはさまざまだ。しかし、現代のロケットにつながる系統となると、宇宙飛行の歴史家はたいてい3人の名前をあげる。コンスタンチン・ツィオルコフスキー（1857～1935年）、ロバート・ゴダード（1882～1945年）、ヘルマン・オーベルト（1894～1989年）である。3人ともそれぞれの専門分野のすばらしい開拓者だった。アメリカ人のゴダードは、中国で9世紀に発見されて以来使われてきた固形燃料の圧縮粉末の代わりに、液体燃料を使って地表からロケットを打ち上げた初めての人物だ。ドイツ人科学者オーベルトの名声は、ナチスのために働いていたことで色あせた。ナチスはオーベルトのロケット研究を利用してフェルゲルトゥングスヴァッフェ2（報復兵器2号）ことV2ロケットを開発し、第2次世界大戦中に民間人を攻撃、壊滅的な犠牲を出した。オーベルトは、人類は宇宙旅行の際に慣性力や無重力状態によって肉体にかかるストレスに耐えられるという自身の説を証明するために、自分自身を実験台にした。しかし、3人のなかでほぼ間違いなくもっとも印象深いのは、途方もない想像力が群を抜くツィオルコフスキーだろう。

1903年、人類初の動力飛行機が飛行する6か月前、無名の独学のロシア人科学者が宇宙飛行の可能性にかんする初の理論的証明を発表した。同年末、ライト兄弟は歴史に名を残す飛行を実現させたが、ツィオルコフスキーは事実上無名のままだ。かつて存在した科学者のなかでもっとも先見の明のあるひとりだったにもかかわらず。

ツィオルコフスキーは18人きょうだいの5番目として、あまり豊かではない両親のもとに生まれた。10歳のときに小児期の病気が原因で聴覚を失い、14歳で学校を辞めたが、公立図書館の本を読んで科学の学習を始めた。莫大な量の物理学、天文学、分析数学の本に加えて、ジュール・ヴェルヌのSF小説も読んでいたようだ。「本以外に先生はいなかった」と彼は記している。

初期の書き物には、夢のようなアイデアが見られる。太陽エネルギーで稼働する宇宙ステーションの建造方法、宇宙船の進路決定用のジャイロスコープや、宇宙船同士をドッキングさせるエアロック、そして宇宙飛行士が船外活動をするための宇宙服のスケッチもあった。早くも1895年には、宇宙エレベーターの概念を理論化していた。その後も一連のすばらしいアイデアを生み続けた。そのひとつが、のちにロシアで彼の名声を高めることになる1903年の論文だ。その『反作用利用装置による宇宙探検』では、ロケットが大気圏を突破して地球の周回軌道に乗ることができるという、初めての理論的証明が示されていた。ツィオルコフスキーは、軌道に乗るために必要な水平速度を割りだし、液体水素と液体酸素の混合燃料のロケットを使えば実現できると考えた。彼が考案した「ツィオルコフスキーのロケット方程式」と呼ばれる公式は、ロケットの速度と、ロケットと燃料の質量変化、噴射ガスの速度の関係を明示した。この公式は宇宙飛行の基本である。

ソヴィエト連邦が誕生すると、ツィオルコフスキーのまるで神学的思索のような宇宙旅行論は不審がられた。共産党哲学に相反するものだったからだ。著書『神は存在するのか？ *Is There God?*』で、彼はこう論じている。「わたしたちは宇宙の意思に動かされ、コントロールされる。（中略）わたしたちはあやつり人形、機械仕掛けの人形なのだ」。じつのところ、彼をコントロールしていたのは共産党だった。あるとき反ソ連プロパガンダの罪で秘密警察に逮捕され、悪名高いモスクワのルビャンカ刑務所で数週間過ごしている。

しかし、巣立ったばかりのロケット産業が軌道に乗るにつれて、ソ連政府はそのパイオニアが同志のひとりだと主張すれば大きな宣伝になると気づき、1929年、多段式ロケットブースターのアイデアを披露した初めての論文の出版を彼に許可した。

予言者が尊敬されないことはない。とくに故郷では、「宇宙旅行の父」から「ロケット工学の父」まで多くの言葉で称えられている［マタイによる福音書13章57節には「預言者が敬われないのは、その故郷、家族の間だけである」とある］。彼が暮らした簡素な丸太小屋は一般公開されている。すぐ近くには、彼の名を冠したツィオルコフスキー州立宇宙飛行学歴史博物館がある。ソ連の月探査機ルナ3号が発見した月の裏側の巨大なクレーターにも、ＳＦが科学によって現実になり得ることを知っていた彼の名前がつけられている。

知識の豊富なSF通なら知っていることをここで紹介しよう。コミックシリーズ「アサシンクリード」では、主人公がツィオルコフスキーの『宇宙の意思 *The Will of the Universe*』を読んでいる。SFドラマシリーズ「スター・トレック」には彼の名前がつけられた調査船が登場する。さらに、コンピュータゲーム・プログラマー、シド・マイヤーのふたつの作品でも言及され、SF作家ウィリアム・ギブスンの短編作品でも名前を挙げられている。マイヤーとギブスンがツィオルコフスキーのもっとも有名な言葉を知っていることは間違いない。「地球は人類のゆりかごである。しかしゆりかごに永遠に留まっていることはできない」。死の直前に、彼はこう書き残している。「わたしは生涯を通じて、自分の研究によって人類がほんのわずかでも前進することを夢見てきた」。人類は間違いなく前進したのだ。

理論を実践することは容易ではなかった。ツィオルコフスキーの公式を現実のものとするためには、ロケットを加速しなければならない。加速するためには、燃料が必要だ。加速すればするほど、より多くの燃料が必要になる。必要な燃料が多くなるほど、それを運ぶ宇宙船はいっそう重くなる。

20世紀初頭の数十年間、多くの科学者がこの問題と格闘していた。第2次世界大戦前の数十年でさまざまな進展が見られたが、技術が飛躍的に進歩したのは戦争そのものが、そしてその後の冷戦が理由だった。勝利を望む熱意が原動力になったのだ。

ソ連と日本はどちらもロケット推進式飛行機の実験を行い、日本はロケットエンジン搭載機を神風特別攻撃隊に採用した。しかし、開発をリードしたのはドイツのロケット計画だった。それを監督したのは、ヘルマン・オーベルトの研究に刺激を受けたプロイセンの貴族、ヴェルナー・フォン・ブラウンだ。オーベルトと同じように、フォン・ブラウンもナチスに加わり、親衛隊のなかで主要メンバーとして出世していった。

１９４２年、彼は宇宙空間へ向けた初めてのロケット打ち上げに立ち会った。それは周回軌道に到達しない弾道型で、約１００キロ上昇したが、彼のチームは周回軌道に乗せるために必要なスピードに到達するロケットをいまだに設計できていなかった。それでも、フォン・ブラウンが開発したＶ２ロケットは最高時速５３００キロに到達し、地上に落下するまでに３２０キロ飛行可能だった。この画期的成功を聞かされたアドルフ・ヒトラーは、フォン・ブラウンにロケットを数千機製造するよう命じた。先端に爆弾を搭載して。１９４４年、初めてＶ２ロケットが発射された。音速よりも速く飛行するため迎撃される心配はほぼ皆無で、発射後3分以内に標的を攻撃した。

ヒトラーの「千年帝国」がその始まりから9年で内部崩壊し始めたとき、フォン・ブラウンと研究チームはバイエルンに向かい、アメリカ軍に投降した。もうひとつの選択肢がロシアへの亡命だったことを考えれば、賢明な策だった。どちらの大国もナチスの秘密兵器とそれを開発した科学者たちを情報部員に追わせていた。

のちに「ペーパークリップ作戦」として知られるようになった計画で、フォン・ブラウンと約120人のドイツ人科学者は秘密裏にアメリカへ移送され、アメリカの弾道ミサイル開発にあたった。科学者の過去は包み隠された。多くは熱心なナチ党員だったが、ニュルンベルク裁判で裁きを受けた仲間らとは違い、絞首刑に処されるかわりにアメリカで雇われた。V2ロケットはおもに、ブーヘンヴァルト強制収容所からフォン・ブラウン自身が選んだ奴隷労働者によって製造されていた。それが無数の一般市民を殺害した。

陽気で話もうまいフォン・ブラウンは、やがてNASAのマーシャル宇宙飛行センターの所長に就任し、アメリカの宇宙計画の代表者となった。自身が開発したV2ロケットについて、完璧な働きを見せたが誤った星に着陸してしまったと語ったと言われている。このようなモラルの欠如はアメリカ人も同じだった。アメリカ人は悪魔に魂を売る契約をして、彼の過去を封印したのだ。アメリカが巻きこまれた新たな戦争で闘う手助けをしてもらうために――それが冷戦だ。

ロシア人も同様の見解だった。ロシア版の「ペーパークリップ作戦」が「オソアヴィアヒム作戦」である。1946年10月、ソ連軍と情報部隊が2200人以上のドイツ人科学者とその家族をロシアへ連れ去り、ロケット計画をはじめとするさまざまな作戦にあたらせた。かくして冷戦が始まったのである。

それは世界中の人々がきのこ雲の影に怯（おび）えて暮らす時代だった。子供たちは核攻撃を生き延びるために「身を低くして頭を守る」訓練を繰り返し、空襲に備えて各家庭で防空壕を作ることが奨励された。熱核兵器が飛び交ったときにはなんの役にも立たないというのに。1949年8月、ソ連は初めての原子爆弾実験をカザフスタンの核実験場で行った。シベリア沖を飛行中のアメリカの偵察機が放射性物質の痕跡を発見したため、数週間後、ハリー・トルーマン大統領は世界に向けてソ連が核保有国になったことを明らかにした。2か国間の核戦争がいまや現実味を帯びたのだ。両国が核爆弾以上の威力を持つ水素爆弾を開発すると、核兵器による大量殺戮の危険性は大きくなる一方だった。

冷戦中に利用された武器のひとつに、自国の政治システムが――そして兵器が――優れていることを証明するために東西両サイドによって展開されたテクノロジーもあった。1950年代になるころには、両国は弾道ミサイルを製造していた。人工衛星を宇宙空間に発射し、それによって大気の濃度レベルを確かめたり、電波送信を研究したり、軌道上の物体を観測したりするためだ。もちろんミサイルには別の目的もあったのだが。

ソ連の宇宙計画の先頭に立ったのは、セルゲイ・コロリョフだ。1930年代、拷問を受けたコロリョフは、祖国に対して反革命的だったと「自白」し、収容者への非人間的な扱いで悪名高いシベリアの政治犯収容所（グーラーグ）へ送られた。そこでは飢えに苦しみ、歯を抜かれ、顎を砕かれたが、ドイツとの戦争が迫ってくるとモスクワの刑務所へ移送された。そこで第2次世界大戦中ロケット設計にたずさわった。冷戦中の彼の指示はこうだった。「アメリカを倒せ、真っ先に達成せよ」。

彼はアメリカより4か月早くそれを成し遂げた。

１９５7年10月上旬、アメリカ東部の数人のアマチュアラジオ愛好家がビーッビーッビーッという連続音を短波ラジオで聞き取った。数人がそれを録音し、数時間後にはアメリカ中のテレビやラジオの視聴者がスプートニク1号――地球を周回する初めての人工物――からの通信を聞いていた。宇宙への壁は越えられた。宇宙時代が始まったのだ。

スプートニク1号は、10月4日にカザフスタンから打ち上げられた。ビーチボールよりかろうじて大きい程度で、重さはわずか85キロだった。４本の長いアンテナが球体から突きだし、内部には温度計、数個のバッテリー、無線送信機、そして冷却用の送風機が搭載されていた。アメリカは激しく憤った。

だがロシア――つまりソ連と共産主義陣営にとっては輝かしい勝利だった。プラウダ紙はこう伝えた。「全世界が人工の月の打ち上げ宣言を聞いた」。ソ連の最高指導者ニキータ・フルシチョフは、午後11時にキエフのマリインスキー宮殿のドリンクパーティーでその成功を知った。息子のセルゲイによると、お電話ですと言われて部屋を出たフルシチョフは、数分後に「顔を輝かせながら」戻ってきたそうだ。それからしばらく黙ったまま座っていたが、片手をあげて会場に静粛を求めた。「同志よ」と、事態を理解していないウクライナ中央委員会の面々にこう言った。「少し前に、地球を周回する人工の衛星が打ち上げられた」

ホワイトハウスは無頓着を装った。アイゼンハワー大統領は、「空中の小さなボール」と呼び、補佐官はアメリカは「大気圏でバスケットボールの試合」はしていないと述べた。スプートニクを「ろくでもない子供だまし」と言う者さえいた。しかし、内々ではソ連の功績の重大性が充分に理解されつつあり、その出来事に懐疑的な人々もアメリカのメディアの見出しを見て考えこんだ——ニューヨーク・ヘラルド・トリビューン紙は「重大な敗北」、レポーター紙は「国家的危機」と表現したのだ。空中の小さなボールは、アメリカは無敵だという感覚を粉々に打ち砕いてしまった。

スプートニク1号は外装に高研磨アルミニウムが使われ、まぶしく輝いたので、アメリカでは毎日90分ごとに頭上を通過するのが見えた。それが3か月間続いたのち、スプートニク1号は大気圏に再突入して燃え尽きた。衛星が通り過ぎるたびに、ソ連がアメリカの技術を越えたということを人々は思いだした。アメリカの懸念は人工衛星そのものよりも、それを宇宙空間に運んだ巨大なロケットにあった。ロシアが「Iskustveni Sputnik Zemli」こと「地球の人工衛星」と呼んだものは、それまでの流れを一気に変えた。スプートニク以前、アメリカはソ連の核搭載航空機を迎撃できるだろうと決めてかかっていた。しかしスプートニクは、事実上の弾道ミサイルであるロケットによって彼方の宇宙へ運ばれてしまった。ミサイルがアメリカまで到達することはいまや明らかだった。

歴史家のウォルター・マクドゥーガルは、スプートニクのニュースがアメリカ政府や一般市民にもたらした影響についてのちにこう語った。「共産主義者にテクノロジーで引き離されるのか?

無限に広い新天地を開拓させる？　ある意味、未来を掌握させる？（中略）これはいったい何を意味したのか？　未来は共産主義者のものだとでも言うのか？」」。いまや「赤」はベッドの下に潜んでいるだけではなかった——頭上にいたのだ。

スプートニク打ち上げから数日後にホワイトハウス向けに書かれた「機密」文書を見ると、アイゼンハワー政権が危機に瀕していると考えたものの正体がわかる。「ソヴィエトの人工衛星に対する反応」というタイトルのその文書は、「友好国の世論は、軍事力のバランスが変化した可能性にかんする明白な不安を示している」と述べ、こう締めくくっている。「全般的にソ連の威信は急激に高められた」。数週間後、ソ連はスプートニク2号の打ち上げに成功した。ライカという犬も乗せられ、宇宙に飛び立った最初の動物になったが、悲しいことに無事生還した最初の動物にはならなかった。

アイゼンハワー大統領は、アメリカの人工衛星を一刻も早く打ち上げる許可を出した。スプートニク1号が宇宙へ飛び立った2か月後、アメリカのヴァンガードTV3を載せたロケットがケープ・カナベラル空軍基地から打ち上げられたが、わずか1メートル上昇したところで地上に落下し爆発した。ソ連での打ち上げとは大違いだったが、ニュースカメラが詳細を記録するために招待されていたため、一部始終が数時間で東海岸から西海岸まで放映された。メディアは思う存分羽目をはずし「カプートニク！（めちゃめちゃ）」とか「フロップニク（ばったり）」といった見出しを打った。ソ連は「後進国への技術支援計画」のもと、アメリカへの支援を申し出た。

アイゼンハワーはおもしろくなかった。アメリカがこの宇宙計画にかけた予算は年間およそ5億ドルから、105億ドルにふくれあがった。1958年1月には、フォン・ブラウンが設計したジュノー1ロケットが人工衛星エクスプローラー1を周回軌道に無事乗せた。しかし、ソ連はふたつの「世界初」を達成していた。どちらの国もつぎの世界初を狙っていた。

その後数年にわたり、どちらもわずかな成果はあげたが、スプートニク1号ほどの重要性はなかった。1958年12月、アイゼンハワー大統領の事前録音されたクリスマス・メッセージがアメリカの衛星から地上へ送信され、宇宙から放送された初めての人間の声になった。数週間後、ソ連のルナ1号ロケットが目標だった月面着陸に失敗し、月を通過して地球ではなく太陽を周回し始めた――これも初めての記録だ。偶然の産物ではあるが。

その後1959年にソ連が文字通りのヒットを出した。ルナ2号が月面にぶつかり（ヒット）、これが月面に到達した初めての宇宙船になったのだ。それは科学用語で言うと「ハードランディング」、つまりは「衝突」だったが、任務は果たした――計画通り、衝撃によって、表面にソ連のシンボルが描かれた銀のパネルが月面に飛び散ったのだ。フルシチョフは粋な計らいで、そのレプリカのひとつをアイゼンハワーに贈った。その年はルナ3号も（これもコロリョフの設計）月の裏側に到達した。裏側とはいえ、そこは頻繁に日光が当たる場所で、そのときも明るかった。だが十数年後のピンク・フロイドのLPレコードは、それに足を引っ張られることなくベストセラーを記録した［アルバム名が「月の暗い裏側 The Dark Side of The Moon」（日本版「狂気」）］。

1960年には、アメリカが気象観測用のテレビジョン赤外線観測衛星（タイロス）を打ち上げた。数日で、タイロスはマダガスカル沖の嵐を発見して追跡することに成功し、現在使われている気象予報用の地球規模システムの原型となった。広範囲のおおざっぱな特徴しか把握することができなかったが、それでもモスクワをいらだたせるには充分だった。

その年のうちに、スプートニク5号がベルカとストレルカという2匹の犬を宇宙へ運び、幸運にも無事に生還させた。しばらく有名人扱いされたのち、ストレルカは人前に出る暮らしをやめて6匹の子犬をもうけた。そのうちの1匹はプシンカ（ロシア語で綿毛の意味）と名づけられた。フルシチョフは、アメリカのファーストレディ、ジャクリーヌ・ケネディと1961年に対談した際に、彼女がストレルカについてたずねていたことを思い出した。いまでは贈り物のこつをつかんでいたので、フルシチョフはプシンカにソ連のパスポートを持たせてホワイトハウスへ贈った。ジョン・F・ケネディ大統領は彼に感謝の気持ちを書き送った。「妻とわたしは『プシンカ』を受け取り、ことのほか喜んでいます。ソ連からアメリカへの飛行はプシンカの母親の宇宙飛行ほどドラマチックではなかったかもしれませんが、それでも長旅であり、彼女はそれに元気に耐えました。お忙しい身でありながらこの話題を覚えていてくださったことに感謝いたします」。プシンカとケネディ家の犬の1匹、チャーリーは、その後互いが気に入り4匹の子犬をもうけ、ケネディは「パプニクス」［子犬を意味するパピーとスプートニクを合わせた造語」と呼んだ。冷戦下の途方もない緊張を考えれば、このような交流の時間はめずらしく、温かく受け入れられた。

しかし、勝利しなければならない宇宙開発競争はいまだに続いていた。ベルカとストレルカを見たアメリカ人は、ハムを打ち上げた——ハムとはチンパンジーで、1961年1月31日に宇宙へ送りだされ、宇宙飛行をした初めてのヒト科になった。だが誰もハムを覚えていない。なぜなら、宇宙に送られた2番目のヒト科は、宇宙へ行った初めての人類でもあったからだ。しかも悪いことに、アメリカはその計画に「どこよりも早く人類を宇宙へ（Man in Space Soonest）」、略して「ミス（MISS）」と名づけていた。実際アメリカはミスをした。

1961年4月12日、ソ連の上級中尉ユーリ・アレクセイヴィチ・ガガーリンがボストーク1号ロケットに搭乗した。そのとき、発射台に接近する途中で乗り物からおりて、右後方車輪に放尿した。現在にいたるまで、ロシアの宇宙飛行士（コスモノート）は彼を称えて同じことをしている（女性は瓶の液体を車輪にかける）。それからガガーリンはカプセルに乗りこんで待った。カウントダウンはなかったので——セルゲイ・コロリョフはそれを気取ったアメリカ人がやることだと考えていた——モスクワ時間の午前9時7分、あっさりとボタンが押された。ガガーリンは「パイェーハリ」——「さあ行こう！」——と叫び、飛びたった。詩人にしてパイロットのジョン・ギレスピー・マギーが詠んだように、大地のくさびをすり抜けて、「高き聖なる未踏の宇宙」へ赴き、人類史にその名を刻んだのだ。

飛行は108分間続き、ガガーリンは地球の周回軌道を1周した。その後大気圏に再突入、高度約7000メートルでカプセルから脱出し、ヴォルガ地方のはずれに着地した。数分後、アンナ・タフタロワという女性と5歳の孫娘が、鮮やかなオレンジ色のスーツと白いヘルメット姿の宇宙飛行士がじゃがいも畑を横切ってこちらへ近づいてくるのを目撃した。「宇宙服を着てパラシュートをひきずって歩いているわたしを見たふたりは、怖がって後ずさりし始めた。わたしはふたりに話しかけた。『怖がらないで、わたしはあなたがたと同じソヴィエト市民です。ちょうど宇宙から下りてきたところだから、モスクワに電話をかけなければ!』」

ガガーリンは世界的な有名人になり、「ソ連の英雄」、冷戦時代の共産主義者にとって重要な人材になった。まだ27歳で、チャーミングで、誰にでもほほ笑んだ。さらに好都合だったのは、小規模な集団農場の農夫の息子で、成長して戦闘機パイロットになり、その後宇宙飛行士になり、宇宙に初めて行った人類になったことだ――ソ連の政治体制が西側の資本主義より優れていることを示すこれ以上の証拠があるだろうか?

ガガーリンは、ソヴィエト・プログラムに登録されている約200人の戦闘機パイロットから選ばれた。打ち上げに先立って、宇宙飛行士候補者はふたりに絞られた。ガガーリンのライバルはゲルマン・チトフ。ガガーリン同様あらゆる点で優秀だったが、ひとつだけ欠点があった――暮らし向きが良く教育水準も高い中流階級の家庭出身だったのだ。フルシチョフは「集団農場から宇宙へ」というプロパガンダにこめられた物語の価値をよく理解していた。それで農夫の息子がボストーク1号に乗って大気圏を突破し宇宙へ飛びたったのだ。赤の広場で凱旋パレードが行われたとき、ガガーリンの両親は質素な服を着てくるように言われたそうだ。

アメリカに一報が伝わったのは夜も明けきらない時間だったが、アメリカ中の放送局の報道担当者がNASAにコメントを求めて電話をかけ始めた。当直担当だったジョン・「ショーティ」・パワーズは、睡眠を妨害されてすっかり不機嫌になり、ある記者にこう叫んだ。「いったい何なんだ！　みんな寝てるんだぞ！」。その結果、傑作の見出しが誕生した。「ソヴィエトは人類を宇宙へ送った。スポークスマンはアメリカ（われわれ）は眠っていると答えた」

それはとんでもないモーニングコールだった。数か月前の大統領就任演説で、ケネディはこう述べていた。「わたしたちはどんな代償も払い、どんな重荷も負い、どんな苦難にも立ち向かい、どんな友も支え、どんな敵とも闘って、自由の存続と成功を手にしよう」。ガガーリンが宇宙へ飛びたつ前は、NASAへの巨大な資金投入はケネディが言う代償とはみなされなかった。だがいまやそれは代償の一部になっていた。

1961年5月5日、ガガーリンの帰還からわずか3週間後、アラン・シェパードがアメリカ人初の、だが人類ではふたり目の宇宙飛行士となった。ケネディは国の目標を高く掲げた。彼と副大統領のリンドン・ジョンソンは、月の周回や宇宙ステーションの建造程度では、アメリカの技術力やリーダーシップを見せつけるためには不充分だと結論づけていた。そのためにはアメリカ人を月面に着陸させ、世界にアメリカの成功を見せつけなければならない。ケネディはその目標を同月の議会演説で表明し、こう述べた。「もしも中途半端で終わるなら、あるいは困難な局面で目標を縮小するなら、まったく手をつけないほうがましだというのがわたしの見解だ」

ケネディは冷戦との関係もはっきりさせた。「現在世界中で続いている自由と専制政治との闘いに勝つつもりなら、ここ数週間で起こった宇宙での劇的な成果が、1957年のスプートニクと同じように、世界中の人々の精神に与えた衝撃をわたしたちははっきりと感じてしかるべきだ。（中略）この10年以内に、アメリカは目標達成の責任を果たし、人類を月に送り安全に地球に帰還させるとわたしは信じている。（中略）月へ行くのはひとりではないだろう――この決断を肯定的に受け取るなら、この国の人々みなが行くことになるのだ」

時代の精神は、翌年のケネディの「わたしたちは月へ行くと決めた」というヒューストンでのスピーチに魅了された。「わたしたちは10年以内に月へ行き、ほかのことにも取り組むと決めた――それが簡単だからではなく、難しいからだ」。これに着手したのがフォン・ブラウンだ。

コロリョフはその前からすでに忙しかった。スプートニク1号をはじめ多くの成功を収めたにもかかわらず、ソ連のロケット計画の主任設計者としての役割は公には知られていなかった。それがようやく明らかになったのは、通常の外科手術後の合併症で1966年に他界したあとのことだった。医師たちは呼吸管を挿入しようとしたが、喉を通過させることができなかった。そ政治犯収容所（グーラーグ）時代に大きなダメージを負っていたからだ。コロリョフのために国葬が営まれ、遺灰はクレムリンの壁墓所に納められた。ガガーリンが追悼文を読んだ。

その2年後、ガガーリンも亡くなった。彼は宇宙への旅についてこう語っていた。「わたしは永遠に宇宙を飛び続けることもできただろう」。だが34歳のガガーリンが亡くなったのは、MiG-15戦闘機の訓練飛行中の事故が原因だった。赤の広場の葬儀には何万人もの人々が詰めかけ、遺灰はコロリョフのそばに埋葬された。

ケネディのスピーチとコロリョフの死のあいだの時期に、ソ連は一連の「世界初」の記録を保ち続けていた。そのすべてにロシアの技術者の特徴が刻まれていた。世界初のふたり乗り宇宙飛行が1962年。世界初の女性宇宙飛行士、ワレンチナ・テレシコワの飛行が1963年。アレクセイ・レオーノフによる世界初の宇宙遊泳が1965年。レオーノフの宇宙遊泳は充分にドラマチックだった――が、宇宙空間にいるあいだに宇宙服がぱんぱんにふくれあがり、宇宙船へ戻ることができなくなった。緊張の数分が過ぎたが、彼は宇宙服のバルブを開けて空気を逃し、幅1メートルのエアロックをなんとか通過して船内に戻った。その1年後、ルナ9号が世界で初めて月に軟着陸し、初めての月面のクローズアップ写真を送信してきた。

1961年のケネディのスピーチに対し、フルシチョフはモスクワが月への競争にかかわっていることを肯定も否定もしていなかった。だが秘密裏に命令を下していた。アメリカが「10年以内に」月に立つと言うなら、ソ連は彼らより先に、1968年を目標に月へ行こうではないか、と。だが設計とインスピレーションの中心人物、セルゲイ・コロリョフなくしては難しかった。

コロリョフの死後、技術的失敗が続いた。1967年のソユーズ1号の飛行士、ウラジーミル・コマロフの悲劇的な死もそのひとつだ。いくつもの不幸な災難が重なり、彼のミッションは失敗した。帰還時に宇宙船のメインパラシュートが開かず、予備パラシュートがからまっただけのことで、ソユーズ1号は高速で地表に激突し爆発した。技術者が問題点を特定して修正し、有人飛行のミッションが再開するまでに18か月かかった。NASAでも悲劇が起こっていた。たとえば、1967年のアポロ1号の地上実験で操縦室が炎に包まれ、ヴァージル・グリソム、エド・ホワイト、ロジャー・チャフィーが死亡する事故もあった。原因が特定され修正されるのにほぼ2年かかった。

しかし、初めての有人月面着陸を目指す競争はまだ続いていた。ソヴィエトは、NASAが打ち上げ用に開発したサターンVロケットと月面着陸機に問題を抱えていることを見抜いた。そのため、アメリカの最終期限はずれこみ、どんなに早くても1970年まで挑戦しないだろうと結論づけた。NASAでも多くの関係者が同じ考えだった。反対に、アメリカ人はコロリョフ亡きあとソ連が直面していた問題の大きさを知らず、1968年12月に迫った打ち上げウィンドウ［ロケット等の打ち上げに最適な限られた期間や時間帯］をソ連が利用することを恐れていた。それを過ぎると、月が宇宙船にとって都合のよい位置に来るのは1969年になってからだ。

打ち上げウィンドウは開き、そして閉じたが、ソ連側にはなんの動きもなかった。しかし同月、3人のアメリカ人が人類として初めて月を周回した。宇宙飛行士のフランク・ボーマン、ジム・

ラヴェル、ウィリアム・アンダースを乗せたアポロ8号が月を10周したのだ。アンダースは、月の地平線から地球が昇る有名な「地球の出」の写真を撮影し、のちに月に行って地球を発見したと述べた。薄い大気の層に守られて虚空に不安げに浮かぶわたしたちの星のイメージは、それを見た多くの人々の心理に大きな影響をおよぼし、生まれたばかりの環境活動をおおいに盛りあげたとして評価されている。クリスマスイブの帰還を前に、3人はそろってテレビのライブ放送に出演し、創世記の一節を順に読んだ。

神は言われた。
「光あれ。」
こうして、光があった。
光を見て、良しとされた。神は光と闇を分け（た。）

多くの資料から判断すると、世界中の視聴者は10億人にのぼったようだ——約4人にひとりという数である。あまりの多さに非現実的にも思えるが、驚くべき出来事に多数の視聴者が見入ったのは間違いない。こうして人類は月の周回とそこからの帰還を果たした。つぎはいよいよ最大の挑戦だ。時間がどんどん迫っていた。

「打ち上げ10秒前、9、8、7……」。1969年7月16日。アポロ11号の打ち上げカウントダウンが進んでいた。コロリョフは正しかったのだ——カウントダウンは気取ったアメリカ人がやることだった。いやむしろ、気取ったアメリカ系ドイツ人と言うべきかもしれない。初めてカウントダウンが行われたのは、1929年に公開されたドイツのフリッツ・ラング監督のサイレント映画「月世界の女」で、ロケット発射までの気分を高めるためだった。字幕は「残り10秒、9秒……」と続き「発射！」で終わる。誰がこの映画を観たかというと……若きヴェルナー・フォン・ブラウンだ。彼はこのアイデアに惚れこんだ。それはドラマチックで大掛かりな見世物を期待するテレビ時代のアメリカ人の感覚と相性が良かった。

有人ロケットの発射ほどドラマチックなものはない。宇宙飛行士のニール・アームストロングとエドウィン・「バズ」・オルドリン、マイケル・コリンズがケネディ宇宙センターの発射施設で体験したことを少し考察するために、スペースシャトル飛行士、マイク・マッシミーノの回顧録をおさらいしてみよう。

6秒目で、メインエンジン点火の重低音を感じる。すべてのものが一瞬がくんと前へ揺れる。その後カウントゼロでまたまっすぐ後ろへ戻る。そのとき固体ロケットブースターが点火、打ち上げの瞬間だ。動いていることに疑問の余地はない。「おや、もう飛びたったのか？」という感じではない。「バン！」でもう出発している。（中略）SFに登場する巨大な怪物に胸をつかまれて、天高く放り出されたような気がした。（中略）すべての出来事をまとめるなら、制御された暴力であり、人間によって創られたパワーとスピードを誇示する最高の舞台だと言える。

サターンVは過去製造されたなかでもっともパワーのあるローンチ・ビークル［人工衛星や探査機等を宇宙空間へ運ぶために使われるロケット］だった。それは3段構成になっていた。まず1段目のエンジンが点火して長さ111メートルのロケットを地表から浮かせつつ、1秒間に18トンの燃料を燃焼させた。発射塔を過ぎる前に、すでに時速100キロ以上に達していた。2分半後、68キロ上昇したところで1段目は燃料切れで落下し、2段目のエンジンが点火した。6分後、サターンVは高度175キロに到達し、軌道速度へ向かって加速した。2段目が離れると3段目が取って代わり、アームストロング、コリンズ、オルドリンの3飛行士を時速2万8000キロで地球周回軌道に投入した。

往路の残りはわずか3日だった。その途中で彼らはガリレオにはなじみ深い道具――望遠鏡――と、もうひとつ何世代にもわたって船乗りたちに知られてきた道具――六分儀――を使って予定通り進んでいるかを確認した。指令船のコンピュータは現代のポケットサイズの計算機より性能が悪かった。アームストロングとオルドリンが月着陸船イーグルを小石だらけの月面へ降下させたときは緊張を伴った――着陸したとき、燃料タンクにはあと15秒分の燃料しか残っていなかった。4時間後、アームストロングは月面の「静かの海」に小さな1歩を、そして人類の歴史に新たな大跳躍をしるした。

1969年7月21日。この日付は人類の物語でもっとも信じがたい瞬間のひとつとして遠い未来に記憶されることになるだろう。多くの戦争、革命、株価の大暴落、そしてパンデミックの顛末がすっかり忘れ去られてもなお。アームストロングはとてつもなく重要な人物だ。だが彼自身は自分がガガーリンやツィオルコフスキー、ゴダード、オーベルト、コロリョフ、フォン・ブラウン、そして彼ら以前の科学界の巨人たちが残した偉業の上に立っていることを知っていた。また、冷戦下のこの瞬間の重要性も理解し、のちにこう語った。「これがここ10年間におよぶ30万か40万の人々の業績の最高点であり、この国の希望と外見が結果に大きく左右されることをわたしはよく知っていた」。そのなかには無名の英雄もいた。たとえばアポロ11号が月面着陸するための正確な軌道を計算した聡明な数学者、キャサリン・ジョンソンもそのひとりだ。また、マーガレット・ハミルトンは、「ソフトウェア・エンジニアリング」という言葉を生み、月着陸船のコントロール・プログラムを書いた。

アームストロングは、別の意味で自分がひとりではないことも知っていた――ソ連が頭上にいたからだ。最低でもなんらかの機械を月面に到達させてまた取り戻すという土壇場の抵抗で、ソ連は無人船をアポロ11号発射の数日前に打ち上げていたのだ。

彼らは数か月前から、初めての人類を月面に立たせるという夢がほぼ間違いなく散ってしまったことに気づいていた。もっと厳密に言うなら、燃え尽きてしまったことに。同年ふたつの惨事が起こる前から、ソ連は完全にアメリカの後塵(こうじん)を拝していた。それはアメリカのサターンVのライバルに当たる巨大なN１ロケットを巻きこむ事故だった。1号機は、１９６９年2月、ソ連時代のカザフスタンのバイコヌール宇宙基地打ち上げセンターから無人着陸機ともども離昇した。約2分間上昇し続け高度14キロに到達したが、その後減速し始め、地上の発射台から少し離れたところに墜落し、衝撃で爆発した。

7月初旬、アポロ11号の打ち上げ日のわずか2週間前に、ソ連はふたたび挑戦した。中堅幹部は軍高官に一連の潜在的問題について前もって報告しようとしていたが、口外するなと警告された。モスクワの共産党中央委員会政治局は、上級党員が聞きたいことを聞かされた。今回N１ロケットと着陸機は地上から１００メートルしか上昇しなかった。空中で静止したかに見えたが、それから大きく傾き、地面にぶつかって爆発した。打ち上げ場の大半が破壊され、35キロ離れた技術者の居住エリアの窓も爆風で割れた。

たとえアポロ11号のミッションが失敗していたとしても、ソ連が優位に立つことはなかっただろう。N１ロケットの発射台を再建するのに1年以上かかりそうだった。しかしソ連にはまだプロトンKロケットと、月面に着陸してまた離陸できる月着陸船が残されていた。それにデータ通信システムや、月の土壌を集めるための掘削機器やカメラを適合させ、アポロ11号に先んじて打ち上げ回収することは可能だった。この「初めての本塁打」は、初めて月面に立つ人類ほど堂々たるものではないかもしれないが、それでもアメリカがしようとしていることの影響を薄められるかもしれない。

かくしてアポロ11号がケネディ宇宙センターから打ちあげられる3日前、月着陸船ルナ15号がバイコヌールから飛び立った。アメリカ人はこれがなんのための打ち上げなのか知らなかったが、ソ連は宇宙競争が続いていることを知っていた。ソ連の宇宙船は途中の技術的問題に耐えたが、月の軌道に乗るのに多くの時間を失った。おまけに技術者は、この着陸軌道ではルナ15号は岩だらけの場所に運ばれ、月面に激突するだろうと気づいた。彼らは着陸手続きを2度延期し、その間隙を突いてアポロ11号が打ち上げられた。

ソ連の科学者がルナ15号の月面着陸を決断するころには、アームストロングとオルドリンが月面歩行を行い、22キロの石や砂を集め、アメリカ国旗を立て、全世界の10億人以上のテレビ視聴者の前でリチャード・ニクソン大統領との会話を終えて、宇宙船で帰還しようとしていた。アポロ11号が月を離れる2時間前、すでに月を52周したルナ15号は、ようやく降下を開始した。

こうしたドラマチックな出来事が明らかになるなか、ジョドレルバンク天文台のイギリス人科学者たちが電波望遠鏡を介して両方のミッションの通信に聞き入っていた。モスクワからの話によると、ルナ15号は月面着陸を試みているらしいとわかった。ジョドレルバンクの録音記録から、そのミッションが明らかになった瞬間を聞くことができる。いかにもイギリス風の発音で科学者のひとりが驚きの声をあげているのだ。「着陸している！（中略）つまり、これはほんとうに最高次元のドラマだったのだ」

しかし、実際は着陸というより激突に近かった。ルナ15号は斜めに進入してきた。データから、最後の通信の時点でルナ15号は月面上空約3キロにあった。その後時速約480キロで山の中腹に激突したようだ。衝突した場所は「危難の海」だった。それから間もなく、アームストロングとオルドリンが離陸し、あとにはガガーリンの名前と宇宙競争で命を落としたロシアとアメリカの宇宙飛行士の名前が書かれた記念メダルが残された。

ケネディが宇宙計画成功の期限を設けてから、厳密に数えて2982日が過ぎていた。161日を残して目標が達成されたのだ。

かくして競争は終わった。アメリカが勝利し、ソ連はまるで勝者は最初からわかりきっていたかのように装った。全世界の労働者の擁護者たるソヴィエト連邦は、そのような莫大な費用のかかる危険な余興のために人民のお金を無駄にすることはなかっただろうと、クレムリンは鼻であしらった。モスクワ放送は、マルクス＝レーニン主義を支持する同盟国、たとえばアンゴラ人民共和国、キューバ共和国、ヴェトナム民主共和国へ向けて、アポロ11号は「開発途上国の抑圧された人々から略奪した富の狂信的な浪費」だったというメッセージを発信した。

それとは正反対の証拠にもかかわらず、この嘘は、なんでも真に受けるある種の西欧のグループで信じられ、ソ連の「グラスノスチ」こと情報公開開始後の1989年まで続いた。その年、アメリカの航空宇宙工学者の一団がモスクワ航空研究所に招待され、世界で最初に宇宙飛行士を月に送るために製造された月面着陸機を見せられた。ニューヨーク・タイムズ紙は、一面見出しをこう打った。「ようやく、ソヴィエトは月への競争参加を認めた」。１９６４年の記事にはこう書かれていた。「１か国の独走態勢になったレースを中止するのはまだまだ先だ」

１９６９年以降、ソ連はこれまで注ぎこんできた巨額の費用を考えると２番手では意味がないと時間をかけて結論づけた。宇宙飛行士（コスモノート）訓練プログラムは廃止されたが、ロケットエンジニアは残された。１９７０年代の月面着陸は、彼らがずっと試みてきたことも、彼らの技術も二流であることを立証しただけだった。プラウダ紙のジャーナリスト、ヤロスラフ・ゴロワノフは、のちにこう指摘した。「誰にも追い抜かれないために、秘密主義は必要だった。しかしのちに彼らが実際わたしたちを追い抜いたとき、今度はわたしたちが追い抜かれたことを誰にも知られないように、秘密主義を続けなければならなかったのだ」

アメリカはその後乗組員６人のミッションを成功させ、トータルで12人の宇宙飛行士を月面に着陸させた。最後の飛行となったのは１９７２年12月14日に月を離れたアポロ17号で、それ以降誰も月へは戻っていない。宇宙計画は３００億ドルを国庫から吸いあげていたうえに、ヴェトナム戦争が激しくなり、大都市では暴動も起きていた。月面着陸への世間の関心はとっくに薄れていたのだ。

アメリカとソ連のリーダー（ニクソンとブレジネフ）は、宇宙計画の予算を削減し、冷戦のわずかな雪解けのあいだに合同ミッションを計画した。ソユーズとアポロをドッキングさせようというのだ。この計画は１９７５年に実現し、ふたりの宇宙飛行士がエアロック経由で互いの宇宙船を訪問して贈り物を交換した。エアロックはツィオルコフスキーが20世紀初頭に設計したものと変わらなかった。それから米ソはスペースシャトルと軌道周回宇宙ステーションの建造に集中した。

では、月は？　もちろん、いまも変わらず空にある。そしてアメリカが置いてきた3台の乗り物（月面車）も、地球に持ち帰る土や石を積むスペースを機内につくるために捨てられた道具類や通信機器も、いまも変わらず月面にある。いつか月に博物館ができたら、これらも月面に散らばる他の多くの品々とともに展示されるだろう。数本のアメリカ国旗や、アポロ11号のミッションの銘板も残されている。それにはこう書かれている。「西暦1969年7月、惑星地球より来たる人類、ここに月への第1歩を刻む。全人類を代表して平和のもとに来たれり」

さらにハンマーと鳥の羽根も残っている。アポロ15号の宇宙飛行士デイヴィッド・スコットが、ピサの斜塔から重さの異なるふたつの物体を落としたと言われている16世紀のガリレオの実験に敬意を表したためだ。スコットは、ガリレオは月面着陸の助けになったと述べた。スコットが羽根とハンマーを月面に落としたとき、テレビの視聴者はそれらが同じスピードで落ちていくのを目撃した。羽根は空軍士官学校のマスコット、ハヤブサのバギンのものだった。

ゴルフボールも2個ある。アポロ14号のミッションに参加したアラン・シェパードがゴルフクラブのヘッドを持ちこみ、それを道具のひとつに取りつけてショットを放ち、歴史の道を切り開いた。こうした品々はすべて宇宙探検の夢と冒険を語っているが、排泄物入りの袋が100個くらい置き去りにされたのはそれほどロマンチックとは言えない。未来の月面博物館ではその袋がひとつかふたつは展示されるかもしれないが、すべてではないはずだ。

では、残骸はさておき、月面着陸は何を達成したのか？　そこには地政学的切り口がある――宇宙競争は数十年の長い冷戦のあいだの重要な戦いだった。その戦いに勝利するために必要な卓越した技術力や資金を提供した政治システムは、相手の政治システムに心理的打撃を与えた。冷戦の勝利は「1発の弾丸も発射されずに」もたらされたと言われている。それが世界中に引き起こした代理戦争の数を考えると、これは決して真実ではなかったが、だが別の発射は、つまり「月へのロケット発射」は役割を果たした。

より広い意味での宇宙競争が支えた科学的功績もある。東西両サイドによる技術の向上だ。コンピュータ・サイエンス、電気通信、マイクロ工学、ソーラーパワー技術はどれも、月への往復に必要な技術によって急速に発達した。現代のポータブル浄水システムの系統はNASAによって開発された技術にさかのぼることができる。世界中の消防士が使う軽量の呼吸マスクも、耐熱性の防火服もそうだ。ではラップトップパソコン、ワイヤレスイヤホン、LEDライト、低反発マットレスは？　どれも誕生のきっかけは宇宙競争の科学までさかのぼることができ、なかにはそこから直接生まれたものもある。

しかしワイヤレスイヤホンや呼吸マスクは歴史の枝葉だ。冷戦さえもいずれは結果論に追いやられるだろう。これまで地球上を歩いてきた人々は累計約1100億人と見積もられている。そのほぼすべてが感嘆の思いで月をみつめたことだろう。だがそこを歩いたのは12人だけだ。オルドリンが「壮大なる荒野」と呼んだ地に足を置いたアームストロングは、その一瞬を歴史に残したのである。

第2部

いま、ここで

第3章

宇宙地政学の時代

「最初の1、2日は、みな自分の国を指さした。
3、4日目は、大陸を指していた。
5日目になると、わたしたちは地球はひとつだと気がついた」
宇宙飛行士スルタン・ビン・サルマン・アル＝サウード

わたしたちの大多数は、宇宙にまつわることを「はるか彼方の」「未来の」ことと考えている。しかし、それはいま、ここで起こっていることだ――おおいなる虚空との境界線は、手の届くところにあるのだ。

これまでの宇宙開発競争は、とにかく宇宙へ飛びたつことがすべてだった。いまわたしたちは飛びたった先に存在するものの所有権を主張している。そうしてより多くの国々が宇宙開発国になるにつれて、その途中で競争も協力関係も生まれるだろうことは歴史が物語っている。地上の対立や同盟や闘争が宇宙へあふれだせば、当然、「勢力範囲」や領土主張がなされるということだ。軍人と民間人の両方のプレイヤーが衛星帯から月へ、さらにその向こうへ到達する機会をすでにうかがっている。

いまは宇宙地政学の時代なのだ。

19～20世紀を代表する地政学者、たとえば海軍少将アルフレッド・セイヤー・マハン（シーパワー）、アルフォード・マッキンダー（ランドパワー）らは、国家が達成できること、できないことの限界や、それが国際関係におよぼす影響を査定する際に、場所、距離、補給を計算に入れた。渓谷や河川や山々が、他者との交易の、ときには戦いの条件を創るのだ。

「宇宙地政学」にも同じ原則が当てはまる。地政学同様に、土台となるのは地理学だ。宇宙空間は特徴のない場所ではない――放射線が強すぎて行けない場所もあれば、広すぎて渡れない海、惑星の重力が宇宙船を加速するスーパーハイウェイ、軍事用品や商業製品を配置する戦略回廊、そして天然資源豊富な土地。大国はこれらすべてに関心を寄せ、好機をつかんで他国より優位に立とうとするだろう。そうして多くの国々が宇宙での争奪戦に参戦するにつれて、重大な疑問がわきあがる。宇宙でもっとも役に立つ戦略的地域はどこなのか？　水や鉱物が存在する可能性が高いのはどの惑星か？　大気の密度は？　わたしたちの移住先の候補になるような惑星はあるのだろうか？

宇宙地政学を理解するためには、宇宙の地理学を理解する必要があるのだ。

宇宙の地理学は地上で始まる。まず宇宙まで上昇する手段を手に入れなければならないからだ。必要なコストと労力はアポロ時代以降間違いなく削減されているが、もし宇宙開発国に——あるいは企業に——なりたいなら、莫大な資金はもちろん、ロケット発射技術か、支援を望む適切なパートナーとのつながりが必要だ。

こうしてロケット打ち上げに最適な、硬い大地ですべてがスタートする。そこを宇宙船が旅に出るための港と考えよう。打ち上げにとってもっとも便利な場所は、宇宙へ最速スピードで入るために地球の自転スピードを最大限に生かせる場所だ——そうすれば燃料を節約できる——つまり、地球の自転スピードが最速（時速約1669キロ）になる赤道付近のどこかである。そのため、アメリカはフロリダ州ケネディ宇宙センター発射施設を使っている。そこは国境内でもっとも赤道に近く、自転速度は時速1440キロに達する。EUは南米のフランス領ギアナを、ロシアはカザフスタンの施設を使っている。地球は西から東へ回転しているので、地球の自転スピードから加速を受けて燃料と時間を節約するためにロケットも東へ向かって発射される。ロケットブースターの落下ゾーンがほぼ無人のエリアであることも重要だ——このような理由で、多くの発射施設が東海岸沿いに位置している。

理想を言うなら、宇宙開発に名乗りをあげる国は、専門知識やテクノロジー、エンジニアリング、レアアースといったリソースを充分持てるだけの大国であることが望ましい。そうすれば宇宙計画の肝心な部分を外部支援に頼らなくてすむ。そして国民も計画にたずさわり、科学と技術の発展の価値を強く信じるべきだ。さらに、国が大きくなればなるほど、その領土から見える空はいっそう広くなり、人工衛星や宇宙船を追跡するのも楽になる——好意的にかどうかは別として。

こうしたことを考慮すると、なぜ現在中国、アメリカ、ロシアが宇宙において優位な立場にあり、軍事面でも商業面でも存在感を高めているかがわかる。EUもそこに加わるための長期計画を選択すれば、仲間入りできる。インドもその可能性を秘めている。

惑星の地表から飛び立つ方法はみつかったので、いまやわたしたちは雲を突き抜けて上昇することができ、すぐに商用飛行機の標準的な最大巡航高度——約12キロを通り過ぎる。さらに60キロ上昇し、宇宙へ近づいていく。宇宙は、海面から80キロ上空から始まるとNASAによって定義された——その下にあるのは地球だけだ。しかし、スイスに本部を置き宇宙飛行の記録を認証する国際航空連盟は、宇宙は海抜高度100キロから始まると定めている。そこはカーマンラインと呼ばれ、宇宙船が地球の重力から脱し始める地点だ。ここでシスルナ空間に入っていく——38万5000キロ離れた月と地球のあいだの領域だ。この「シスルナ（cislunar）」という言葉は「月のこちら側」を意味するラテン語に由来する。

地上から160～2000キロの地球低軌道に到達したら、平均高度400キロを周回している国際宇宙ステーション（ISS）がちらりと見えるかもしれない。このエリアは、スプート

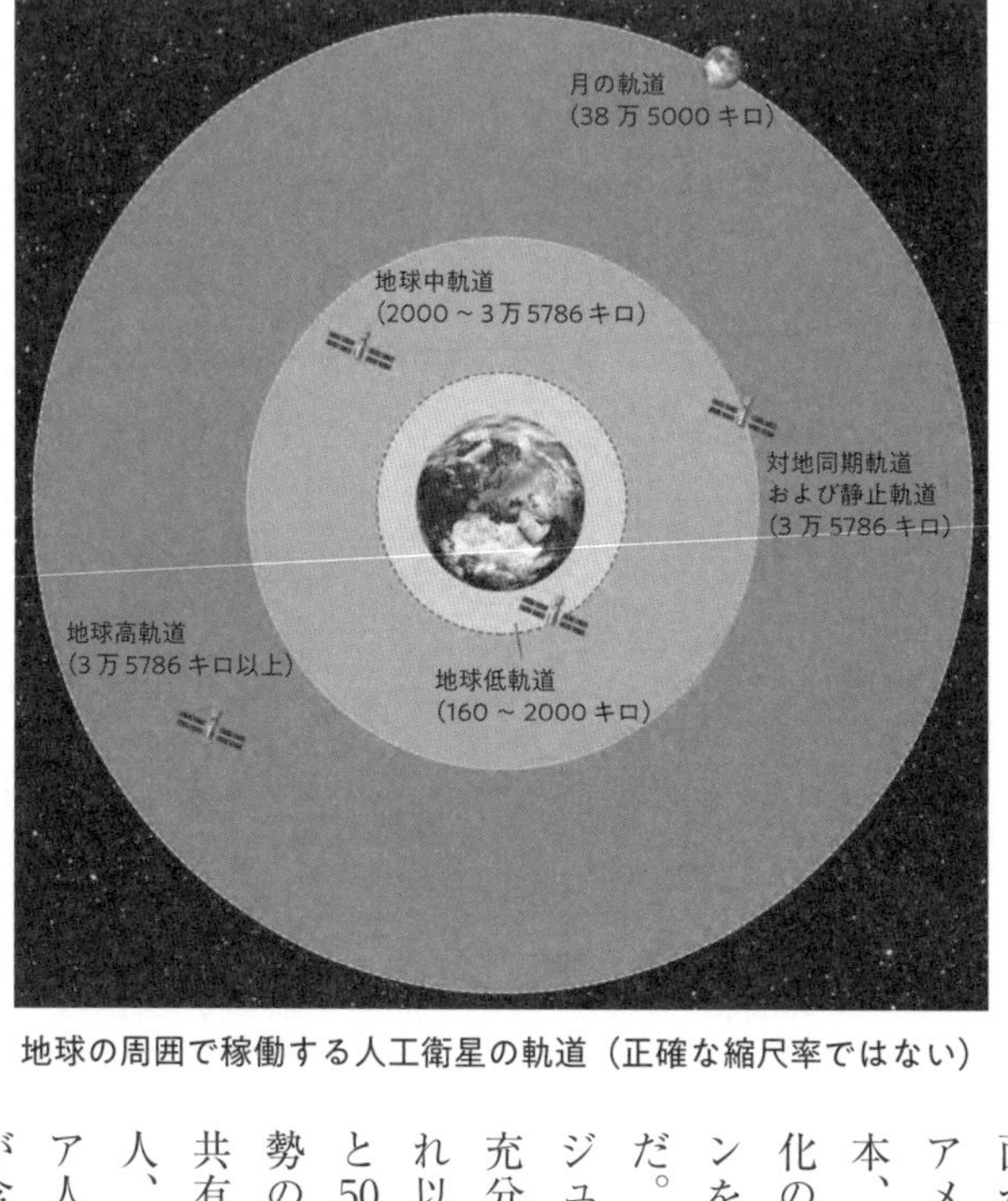
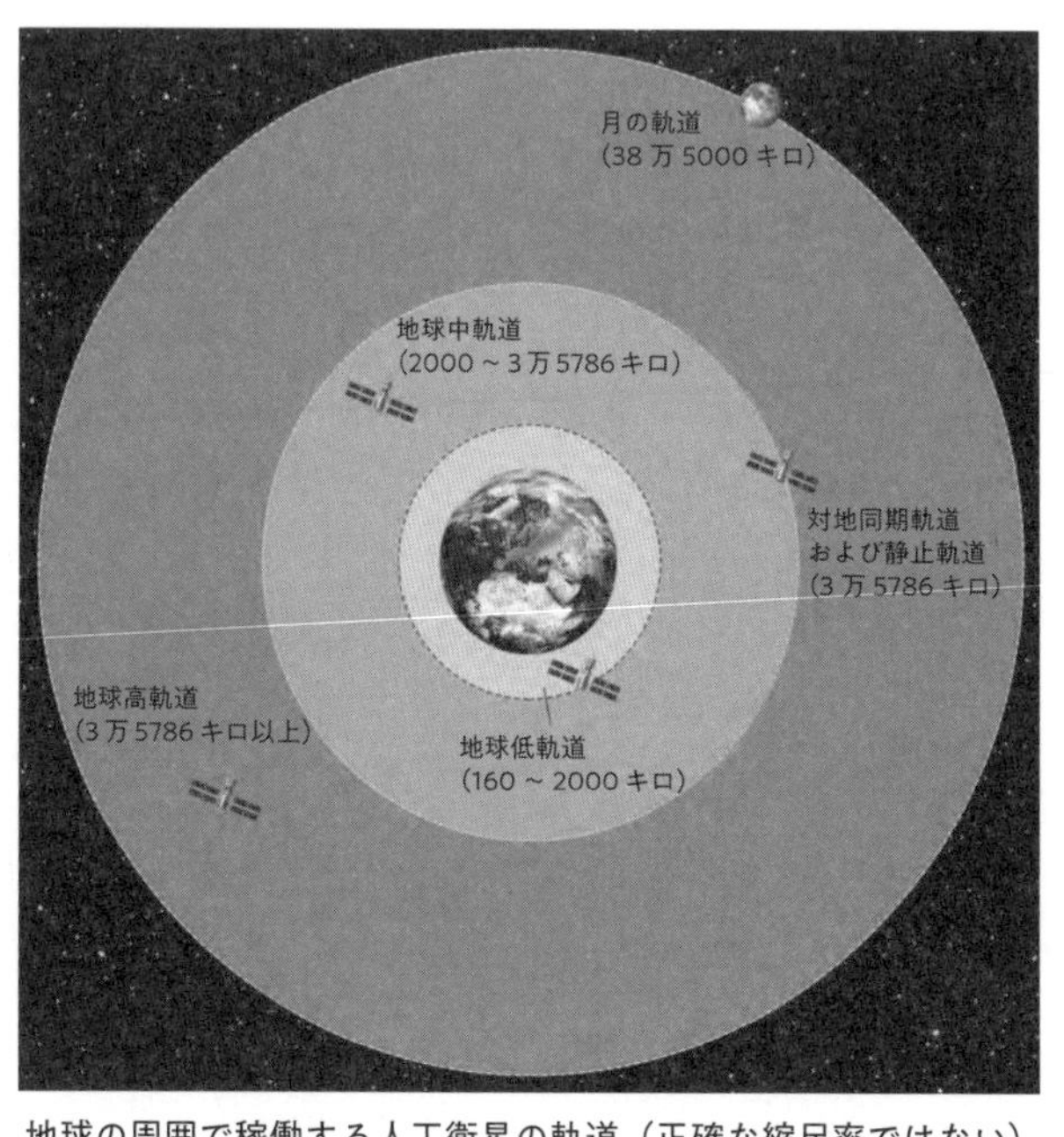

地球の周囲で稼働する人工衛星の軌道（正確な縮尺率ではない）

ニクの打ち上げ以降、とりわけ政治面がかなり変化した。1993年、アメリカ、ロシア、ヨーロッパ、日本、カナダの宇宙機関で、政治や文化の違いをまたいで宇宙ステーションを建造することが合意されたのだ。1998年、ロシアが最初のモジュールを運搬し、その2年後には充分な居住スペースが完成した。それ以来、150人以上のアメリカ人と50人以上のロシア人が、他国の大勢の宇宙飛行士と居住区や研究室を共有してきた。そこには11人の日本人、9人のカナダ人、5人のイタリア人、4人のフランス人とドイツ人が含まれる。他の国々もそこで進行中の科学研究に貢献するために人材を送りこんできた。ベルギー、ブラジル、デンマーク、イギリス、イスラエル、カザフスタン、マレーシア、オランダ、南アフリカ、韓国、スペイン、スウェーデン、アラブ首長国連邦だ。現在記録されている国籍は15か国だ。モスクワとヒューストンのミッション・コントロールセンターは、たいていはロシアのソユーズ宇宙船で宇宙飛行士がそこまで往復するのを見守ってきた。ISSは各国の協力によって宇宙でなし得ることの象徴だ。だが悲しいことに寿命が尽きかけているので、2031年に退役予定である。計画通りにいけば太平洋のなかでもっとも陸地から離れたポイント・ネモと呼ばれる地点に落下し、そこで魚とともに永遠の眠りにつくだろう。

しかし、ISSの周囲には他にも猛スピードで移動しているものがあるので、見逃す人もいるかもしれない。地球低軌道は魅力的な不動産物件だ。大半の人工衛星が稼働する領域だからだ。人工衛星がなければ、国際通信網や全地球測位システム（GPS）は存在しない。こういった衛星が妨害(ジャミング)されたり、偽の信号で上書き(スプーフィング)されたり、破壊されたりすると、食料品店の車は配達先の家をみつけられず、救急サービスは停止し、船舶は航路をはずれてさまよい、イギリスのような主要産業経済国は概算で1日10億ポンドの損失になる。現代人の生活にとって衛星がいかに重要か、どれほど誇張してもしすぎにはならず、軍事面での機能にいたっては現代の戦争の重要な鍵だ。

現代の衛星は形状も重量もさまざまで、小さいものはルービックキューブ大で重さはわずか1・33キロ、大きなものになると伝統的な産業機械のような1000キロ以上のものまである。

大半のモデルにソーラーパネルが搭載され、太陽光から動力を得ているが、太陽の高熱から電気系統を守るためのパネルもある。衛星には通信システムや、高度と方位等の測定記録を監視するためのコンピュータ、そして予定軌道をはずれた場合に進路修正するための推進手段が不可欠だ。

衛星はロケットに運ばれて軌道に到達する。ロケットは、できるだけ素早く大気圏を突破して燃料消費量を抑えるために垂直方向に発射される。大半はその後地球の自転の方向に従って西から東方向へ飛ぶ。北極から南極方向への軌道を飛ぶ衛星が少ないのは、その打ち上げ方向ではより多くの燃料が必要だからだ。このような極軌道の衛星はたいていマッピング、気象観測、偵察に使われ、軌道を丸1周するのに約90分かかる。衛星と地球は異なる方向へ動いているので、衛星は地球を巨大な青白いミカンのように分割して観測する。こうすると地表全体を24時間でマッピングできる。

西から東へ向かう標準的な軌道に乗る衛星は、地球からの距離次第で90分~2時間かけて地球を周回するので、目標地点の上空をその都度わずか数分で通過する。衛星は星座のようにグループとして機能する傾向がある。それで「ネット」を作り、地上ステーションはもちろん衛星同士でも通信しあい、恒久的に対象範囲をカバーするためだ。アメリカのGPSは、最低限の24基の衛星を地球の周囲に等間隔に配置している。

地球低軌道は、衛星画像データのために使われるもっとも一般的な領域だ。比較的地表に近いので、より鮮明な画像が撮れるのだ。たとえば、軍事レベルの衛星カメラがとらえる細部は驚異的だ。一方民間の気象衛星の感度限界は1キロかもしれない。つまり大きさが1キロ以下のものは見えないということだ——海水温を測るには問題ないが、ビルから出てくるジェイソン・ボーン［アメリカのサスペンス・アクション映画の主人公］をみつけることはできない。感度限界が50メートル以上のものは低解像度とみなされる。現代の高性能の軍事衛星は解像度が0・15メートルに達していると思われるので、もはやボーンがかけているサングラスのブランド名まで特定できる。この技術の民間転用は安全上の理由で許可されていない。もし衛星が偵察に使われているなら、それを特定すること、つまりいつそれが頭上にあるかを知ることは、監視されたくない人々にとってはとても有益だ。なかには肉眼で見える衛星もあれば、内部情報を知らないと位置を特定できない衛星もある。

戦略上、地球低軌道は潜在的な「チョークポイント」だ。地上でおなじみのチョークポイントは、たとえばスエズ運河やホルムズ海峡のような、狭く簡単に封鎖できる海上交通路を意味する。これは正確なたとえではないが、便利なたとえではある。宇宙飛行に挑むには発射施設を防御する必要があるように、地球低軌道の衛星から配信される通信ラインへのアクセスを間違いなく確保する必要もあるし、そこを通過して宇宙という「大洋」へ出ることも可能にしなければならないのだ。

宇宙への上昇を続けるなら、ヴァン・アレン帯に長居することは避けなければならない——それは地球の外側数千キロにわたって広がるふたつのドーナツ形のエリアで、地球の磁場にとらえられた高エネルギー粒子からなる放射線帯だ。放射線の強さは場所によってまちまちだが、ところどころに宇宙船の電気系統を揚げ物にし、やがて人体の細胞の化学結合を切断するほど強い領域もある。

約2000キロ上空で地球中軌道に入る。それはおよそ3万5786キロ上空まで続く。ここでは人工衛星は12時間ほどかけて地球を1周する。その多くは地上の位置情報サービスを提供している。こうした衛星には、原子の振動によって時間を計る原子時計が搭載されている。原子時計は非常に精密なので、何百万年ものあいだ1秒の遅れも進みもないと言われている。衛星は、スマートフォンや車の衛星ナビゲーション・システムにも搭載されている地上の受信機に電波信号を（光速で）送る。このおかげで、たとえば車で移動すると位置が特定され、車の現在地や目的地までの道順も、まあだいたいわかるのだ。

さらに地球高軌道へ上昇すると、対地同期軌道［衛星の公転周期と地球の自転周期が一致している軌道］と地球静止軌道［衛星が地球からいつも同じ位置に見える軌道］の領域が始まり、地球から3万5786キロに達する。そのふたつの軌道の唯一の違いは、対地同期軌道は地球に対してどんな角度でも周回できるので地上からは8の字軌道に見えるのに対し、静止軌道はつねに赤道を追っているので地上からは静止しているように見える点だ。

地球低軌道は通信衛星にとって厄介なエリアだ。というのも通信衛星は非常に動きが速いので、地上基地から追い続けるのが難しいからだ。だが地球高軌道では衛星のスピードと地球の自転のスピードがぴったり合致するので、衛星はつねに同じ場所にある。地上から衛星が見えたら、静止しているように見えるだろう。衛星1基で最大で地表の42パーセントを見ることができる。軍事衛星や妨害衛星も、テレビ、ラジオや長距離気象衛星とともにこの領域に置かれている。にぎやかだが低軌道ほどではない。信号干渉が原因でここには限られた数の「スロット［通信に使う周波数帯域］」しかなく、衛星が通信できる周波数も限定的だ。国連の国際電気通信連合が衛星の位置と周波数を裁定するので、勝手にそこに車を乗り入れて駐車することはできない。

アメリカが軍民両用の先進超高周波通信衛星を6基保持しているのもこの領域だ。それはアメリカの戦闘機や、イギリス、オランダ、オーストラリア、カナダの軍隊、そしてアメリカの核兵器早期警報システムと通信する。ロシアの早期警報システムである統合衛星通信システムも同じ軌道にあり、中国のC31システムの一部も同じような働きをしていると考えられている。

地球高軌道のさらに奥は衛星が死にゆく場所だ。寿命が尽きると他の衛星の障害にならないように、機内の推進システム(スラスター)によって対地同期軌道の外へ、宇宙の彼方へ押し出されるのだ。

地球上空はにぎやかになる一方だ。しかも今後ますます混みあうこともわかっている。80か国以上がすでに国境を越えて宇宙空間に衛星を配置している。衛星を運んだのはロケット打ち上げ能力のある（あるいは過去にあった）11か国だ。最大のプレイヤーは中国、アメリカ、ロシアで、さらに日本、インド、ドイツ、イギリスが先頭集団の仲間入りをしようと準備を進めている。衛星がひしめく領域では、チュニジア、ガーナ、アンゴラ、ボリビア、ペルー、ラオス、イラク等々、たいていは地球を周回する機械とは無関係の国々も場所取りを主張する。こうした衛星の多くは、国の機関だけではなく民間企業によっても打ち上げられる。アメリカの科学者団体「憂慮する科学者同盟」によると、現在地球の周囲を突進している衛星は8000基以上、その約60パーセントが稼働中だが、これからもっともっと増えることになりそうだ。無数の衛星を打ち上げる空間はあるが、新たに1基加わるごとに衛星同士の衝突やあからさまな対立の危機は増す。

さらに遠くへ進むと、衛星にとってもうひとつの重要エリアがある。ラグランジュ点だ。そこはいわば宇宙の「駐車場」で、互いの周囲を回っているふたつの大きな天体の引力が等しくバランスが取れている点だ。つまり、より小さな第3の天体、たとえば人工衛星や宇宙船が燃料を最小限に抑えながらある地点に「留まり続ける」ためのスイートスポットなのだ。言い換えるなら、この先小惑星で採掘された資源や宇宙ステーション建設に必要な道具をラグランジュ点のひとつに運んでおけば、宇宙船がふたたびそこに戻ったときにそれらはまだ確実にそこにあるのだ。

ふたつの惑星につき5つのラグランジュ点が存在する。たとえば太陽と木星には5つのラグランジュ点があるが、わたしたちにかかわるのは地球と太陽、そして地球と月のラグランジュ点だ。地球・太陽間のL1（ラグランジュ点1）は150万キロ彼方ではあるが、その近くではSOHOこと太陽および太陽圏観測探査機が安全（そう）な距離から太陽を絶えず監視している。ジェイムズウェッブ宇宙望遠鏡は2002年にL2に到達した。望遠鏡は太陽、地球、月から顔をそむけているので、まったく視界を遮られずに深宇宙の光景を映しだす。微調整は必要

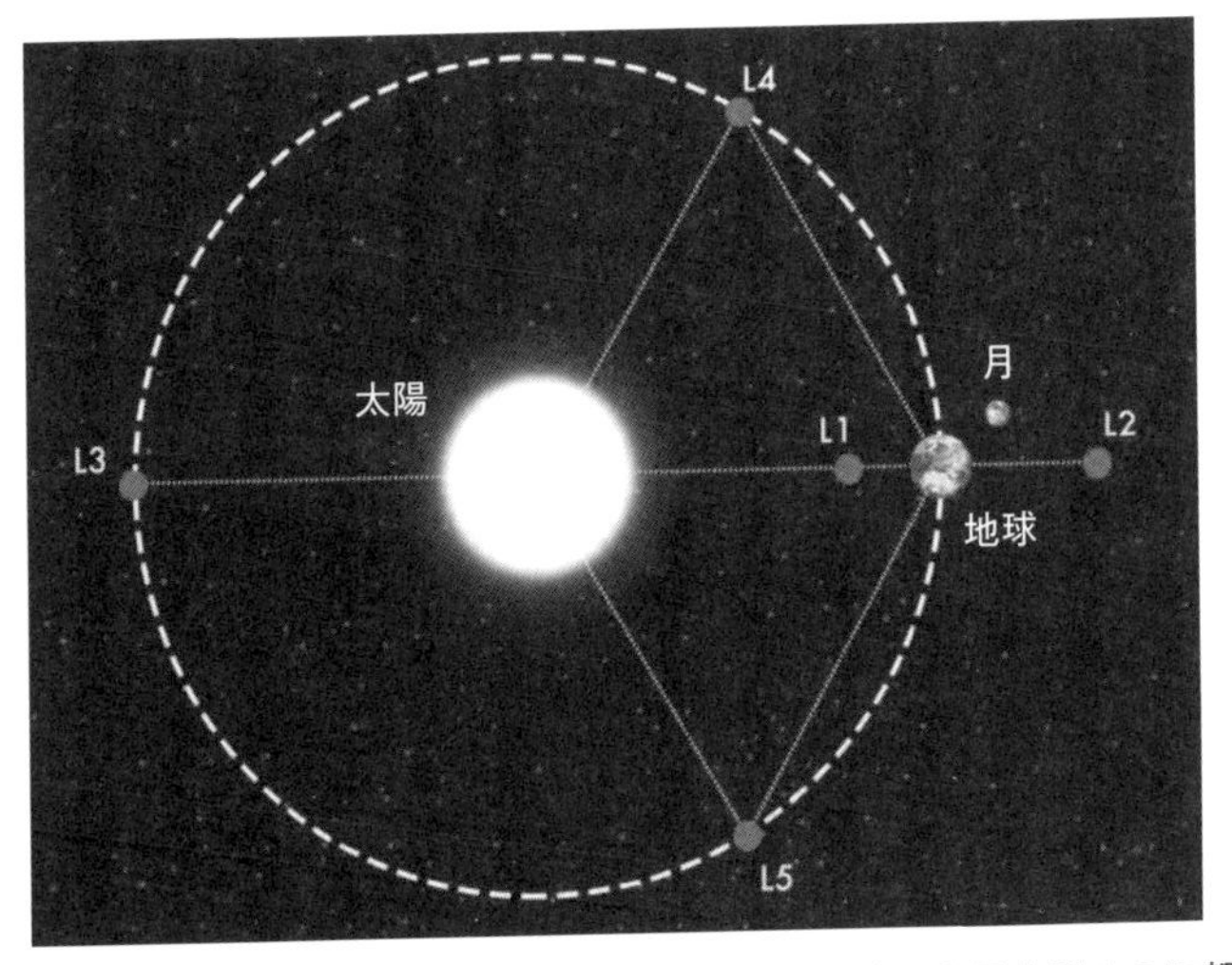

地球・太陽間のラグランジュ点（正確な縮尺率ではない）。衛星を置くのに都合がよい。これらの点は地球と月をはじめ、ふたつの天体間すべてに存在する。

だが、燃料はほぼ使わずに、ジェイムズウェッブ宇宙望遠鏡は今後20年間同じ位置に留まり続けるだろう。

Ｌ４とＬ５はいまだ使われておらず、太陽の反対側に隠れているＬ３はほとんど関心を持たれていない。しかし、Ｌ３はずっとＳＦ作家の助けになってきた。彼らはそこに地球を鏡映しにしたような惑星を思い描いた。そのアイデアをもっともうまく表現したのが、１９６９年の映画、「決死圏ＳＯＳ宇宙船」だ。ドイツ語の原題は「ドッペルゲンガー」、英語のタイトルは「太陽の裏側への旅」だった。映画にはすばらしいアイデアがちりばめられている。

地球を飛び立った勇敢な宇宙飛行士は、不時着して地球に戻ってきたと考えていたのだが……ふと気がつくと文字が鏡文字で、さらに悪いことに——みな道路の反対車線を走っているのだ！　まるでロシアにいるようだ。

さて、現実（のはずの）世界に戻ると、地球・月間では、Ｌ１もＬ２も月に近い「ゲートウェイ」宇宙ステーション［月の周回軌道上の宇宙ステーション］の重要な候補地になるかもしれない。とくにＬ２は月の向こう側に位置するため、無線封止状態になる。つまり地球からの通信に妨害されることなく科学者は宇宙を研究できるということだ。このようにラグランジュ点は戦略的に優位な場所なので、それをめぐる争いが起こることも考えられる。幸いなことに、それはとても広大で——幅約80万キロにおよぶ——充分な余裕があるが、この領域で活動している宇宙大国は互いに警戒を怠らないだろう。

Ｌ３があまり実用的ではないのは、月から見て地球の反対側にあるからだ。Ｌ４とＬ５も現在は使われていないが、この2点は比較的地球に近いので、未来のスペースコロニーの候補地として議論されてきた。１９７０年代と80年代には、Ｌ５協会という団体が存在した。少々奇妙なグループに思えるかもしれないが——偏愛じみたところもありそうだ——実際はプリンストン大学の物理学教授、ジェラード・Ｋ・オニールのアイデアを広めるために科学者たちが大真面目に結成したグループだった。初期の書類からはユーモアのセンスもうかがえる。「われわれは、Ｌ５で集会を開催したのち当協会を解散することを長期目標としてここに宣言する」。１９８６年、1万人の会員を抱えた協会は、フォン・ブラウンが設立し2万５０００人の会員を擁する米国宇宙研究所と合併した。

地球・月間旅行の最後の立ち寄り先は、月そのものだ――地球からは38万5000キロ、わずか1・3光秒の距離――光が月から地球に到達するのにかかる時間だ。時速1000キロでドライブすると、地球から宇宙へは1時間弱で到着するが、月へはさらに6か月かかる。これまでのところ最速の旅はニュー・ホライズンズ無人探査機だが――8時間35分――大半の有人飛行は約3日かかる。

現在月の表面と形状のマッピングが進められている。山々や尾根、渓谷、平原、巨大な洞窟があり、思わず息をのむ。表面積は3800万平方キロメートル弱で、アフリカ大陸よりも若干広い。月には10億年近く隕石が降り注ぎ、とくに大きいものが形成した多重環型盆地や山は現在地上から肉眼でも見える。地上からは、白っぽいエリアと黒っぽいエリアも見える――高地と、ラテン語で「海」を意味する「マリア」だ。初期の宇宙飛行士はそこを海に違いないと考えたが、実際は、隕石の衝突で誘発された火山活動によって噴出した溶岩が地表を覆っている。黒っぽく見えるのは、鉄分を多く含む火山岩が他のエリアよりも太陽光を反射しにくいためだ。アポロ11号が1969年に「静かの海」に到達するころには、着陸しても水しぶきはあがらないとわかっていた。晴れ渡った夜に満月を（北半球から）見上げたら、幅800キロの「静かの海」が月面の中心からやや東寄りに見えるだろう。海以外の領域はテラ（陸地）と呼ばれ、山岳地帯もある。なかには平均標高より5キロも高い部分もある。

ごく最近、いくつかの巨大クレーターで金属酸化物の堆積層の痕跡が発見された。隕石によって地表の下から掘り返されたのだろうと考えられている。もしそうなら、地下深くに金属酸化物が集中する場所があるかもしれない。さらに月にはケイ素、チタン、レアアース、アルミニウムが存在すると信じられている。人類は、現代社会に必要不可欠な技術で使われるこうした資源を求めて月の地下を掘るために、月面で長期間過ごすことになるだろう。多くの国が月の資源を手に入れたいと考えているが、とくに中国に頼りたくない国々でそれが顕著だ。中国は現在世界のレアアースの埋蔵量の3分の1を握っている。

月には相当量のエネルギーも存在するかもしれない。月面の居住地に電力を供給し、さらに地球へも持ち帰れるほどの量だ。その可能性を担うのがヘリウムだ。この希ガス（貴ガス）の名称はギリシア語で「太陽」を意味する「helios」に由来する——太陽で初めて発見されたためだ。ヘリウム4同位体は地球の天然ヘリウムの99パーセント以上を占める。それはすばらしく役に立つ物質でもある。たとえば、子供のパーティーで用意される風船や、飛行機のタイヤや車のエアバッグに充塡されるのはもちろん、核磁気共鳴映画像法（MRI）の冷却部分でも役立っている。しかし、それはヘリウム3同位体ではない。そしてわたしたちが求めているのはヘリウム3なのだ。

理論上、ヘリウム3を使うと核融合反応を引き起こすことができる——これはエネルギー生産の究極の目標だ。核分裂以上の高エネルギーを生むが、放出される放射性物質はかなり少ないからだ。地上ではヘリウム3はヘリウムのわずか0・0001パーセントにすぎないが、月には

100万トン存在するとも言われている。月には大気が存在しないので、ヘリウム3を含む太陽風プラズマが数十億年ものあいだ月面に直接衝突していたためだ。

中国の月探査計画を率いる著名な科学者、欧陽自遠（オーヤン・ジユアン）は、ヘリウム3のパワーを利用できれば「人類が1万年間に必要とするエネルギーをまかなえる」と信じている。これは前向きな考えだが、同時に現在のエネルギー危機や気候変動についての考えでもある。科学者は、ある量のエネルギーを作るのにヘリウム3がどれほど必要か、具体的な数字は出せていないが、1トンのヘリウム3で原油5000万バレルに匹敵するらしいという概算を示している。

科学者は、核融合炉について40年間研究を続けてきた。基本的な原型は存在するが、予期しないブレイクスルーがなければ、それを完成するのに必要な技術はおそらくこの10年ではなくそのつぎの10年に委ねられるだろう。月の採掘に必要な技術も同じだろうが、そのための工程はすでに始まっている。

月には水も存在するとみなされている。月の赤道の南およそ2700キロの地点にある南極エイトケン盆地は直径2500キロ、深さ13キロだ。そのなかにはそびえたつ山々があり、そのうちのいくつかは月の自転軸の傾きが原因で日照時間の最大80パーセントは日光を浴びている。1800年代末、これらの山は常時太陽光が当たっていると想定され、「永遠の陽射しの頂（いただき）」とあだ名された。しかしどうやらもっとも高い山でもときには暗くなるようだ。とはいえ、その近くにあるクレーターは非常に深く、浅い角度で射しこむ日光は底の地点には決して届かない。このような「永遠影」のなかの地点は、太陽系で観測されたなかでもっとも寒い。記録されたマイナス238度という気温は、冥王星の地表よりも低い気温だ。凍てつく洞窟には氷の結晶があり、氷のなかには酸素と水素が閉じこめられている。それからロケット燃料を作ることができる。

地面から氷を取りだすことができれば、それに電気を通して液体酸素と液体水素に分けられる。もちろん工程にはまだ続きがあるが、どういうことかはおわかりいただけるだろう。月の両極には100億トンの氷が存在するという概算もあることを考えると、それを利用しない手はない。月からロケットを打ち上げる際は、地球の引力から逃れるためのわずかな燃料しか必要ないので、ひとたびインフラが整備されれば、地球と月の旅で復路用の燃料を運ぶ必要はない。「軌道上のガソリンスタンド」があればいいのだ。NASAの巨大なSLS（スペース・ローンチ・システム）ロケットは、地球から地球低軌道へ到達するために80万2500ガロン（約304万リットル）の燃料を消費する設計だが、それはオリンピック用スイミングプール1・2杯分の水を9分で空にするのに等しい。月面基地が長距離ロケット発射ミッションにも一役買うだろうとみなされる理由のひとつがこれだ。

ところで、月の向こう側の地理は？　その領域は無限、つまり限界はないということだ。しかし、しばらくのあいだ、有人宇宙船には火星より遠くへ広がる地図は必要ないだろう。しかも火星への有人飛行でさえ、早くとも2030年代までおそらく実現しないだろう。宇宙のはるか遠い距離に比べると、太陽系の惑星はどれも互いに比較的近い位置にある。しかし、現在はそのすべてに探査機を飛ばすことができる一方で、有人飛行となるとどの惑星もずっと変わらずわたしたちの能力を超えたところにある。木星は地球からの平均距離が7億7800万キロ、土星は14億キロ、そして海王星は44億キロだ。しかし、「まるで火星にいるようだ」というフレーズは、時代遅れになりつつある。火星に接近通過（フライバイ）した最初の宇宙船はNASAのマリナー4号で、1965年に火星に到達した。その後火星を周回した探査機は1971年のソ連のマルス3号だが、14秒間不鮮明な信号を送ってきたのち通信は途絶、二度と復活しなかった。5年後、NASAのバイキング1号が火星に到達して西側の「黄金平原」と呼ばれる傾斜地に着陸し、火星地表の初めての画像を送信し始めた。現在、火星は太陽系でもっともマッピングが進んだ惑星のひとつで、探査車（ローバー）が地表を探査した唯一の惑星だ。

最新型の宇宙船は火星に約7か月で到達でき、有人飛行も迫っている。億万長者の起業家でスペースX社（スペース・エクスプロレーション・テクノロジーズ社）のCEO、イーロン・マスクは、今後10年で人類を火星の表面に送るつもりで、その飛行時間は80日間かそれより短くなるだろうと述べている。技術開発は以前より早く進んでいるが、それでもこの予想時間はかなり大胆に思える。実現にはタイミングがきわめて重大になるだろう。火星への平均距離は2億2500万キロだが、すべての惑星に言えるように、その距離は軌道周期によって変化する。最短距離で約5460万キロ、最長で4億キロだ。火星へのロケットはおそらくこの赤い惑星が平均距離より地球に近いときに打ち上げられるだろう。つまり、火星はいわば派兵にかんする限り視界に入っているということだ。そこから先は、宇宙船が燃料を補給しながら「惑星から惑星への飛行」を繰り返して目的地へ向かい、最終的に太陽系の外縁へ到達するという計画だ。ただし現時点では、少なくとも今後数十年間はそれはロボットの仕事になりそうだ。

しかし、月は手の届くところにあり、おもな宇宙開発国はできるだけ早く開業しようと必死だ。もちろん、月での鉱物の採掘や処理はとてつもなく難しいだろう。たしかに、ヘリウム3からの核融合は机上の空論かもしれない。おまけに、予定期間はずれこみ予算もふくらむかもしれない。だが、ライバルだけがどんどん前進するのを黙って見ていられるだろうか？　もし理論が現実になったら、脱落するのは自分なのだ。ヘリウムも水も実用的な再生可能資源ではない。さらに、掘り返され利用された鉱物がふたたび太陽風の波によって形成されるまで10億年も待つことはできない――早い者勝ちなのだ。資金計画はまだ納得できるものではないが、人類が初めて月へ行ったときは金儲けのためではなかった。新世界の探査と開発も過去500年の歴史を形成してきた。わたしたちの頭上はるか彼方に横たわる宇宙もこの可能性を秘めているのだ。

難題は多いがさまざまな理由で受け入れられるだろう――名声、商売、そして戦略のためだ。月移住の成功は、国家やその同盟国にかつての海運国家が享受したのと同じ恩恵を与えるはずだ。支配勢力になれば、月面を占拠し管理することで他国の野望をくじくことができるだろう。その支配勢力の衛星からは静止軌道と地球低軌道を直接視認できる。道を切り拓く者がさまざまな条件や指針を設定し、他国もそれに従うことを求められるかもしれない。最初に月での地歩を固める者が、最初に月の潜在的富に接近し、その富を地球へ持ち帰る手段を確保するだろう。

もし宇宙の超大国が地球からの出口点と大気圏からの脱出ルートを支配下に置いたら、他国が宇宙旅行にかかわることを阻止できる。もしその国が月を独占したら、資源を確保し、さらに遠くへ旅するためにそれを使う唯一の大国になる。そしてもしその国が地球低軌道を独占したら、衛星帯を意のままにし世界を支配するために利用するだろう。

世界有数の宇宙地政学の理論家のひとりがエヴェレット・ドルマンだ。アメリカ空軍航空指揮幕僚大学の戦略学教授にして、洞察に富んだ『宇宙地政学——宇宙時代の古典地政学 *Astropolitik: Classical Geopolitics in the Space Age*』の著者である。ドルマン教授は、この分野でもっとも有名な格言のひとつを生みだした。「地球低軌道を制御する者が地球周辺空間を制御する。地球周辺空間を制御する者が地球を支配する。地球を支配する者が、人類の運命を決する」

そのため、宇宙空間を支配したいという誘惑は大きくなっている。三大国は現在競争の渦中にあり、他の2か国が采配を振るわないように武器競争に明け暮れている。それが原因で、他の多くの国々も軍事的選択肢について考え始めた。日本やフランス、イギリスのように、宇宙軍の発足を宣言した国もある。

これにはおなじみの理詰めの論法がある。あなたが飛距離の長い大弓を持っていたら（大弓の射手を擁するイギリスが、数に勝るフランス軍に大勝したアジャンクールの戦い参照）、わたしは自軍の弓兵の射程を伸ばそうとしつつ、より強い盾も開発するだろう。過去の時代には、指揮官は防具や攻撃用の武器を持たせずに兵士を戦場へ送ることはなかった——そしていまの時代、衛星は戦争の一翼を担い、なおかつ核兵器発射を特定するために各国が使う早期警報システムでも不可欠だ。そのような衛星を失うと、国が攻撃されやすい状態に追いやられることになるだろう。宇宙の軌道帯へのアクセスを拒まれると、わたしたちの暮らしはじつに困難なものになるのだ。戦争開始も他国からの攻撃への早期警報も衛星に頼っている国なら、それを無防備のままにしておいたり、敵の衛星を攻撃する能力をあきらめたりはしないだろう。

現在宇宙で活動するために存在する「法律」は、ガイドラインとなんら変わらない。テクノロジーの進歩と変わりつつある地政学的現実がそれを追い抜いてしまったのだ。宇宙を拠点とした増える一方の軍民両用のプラットフォームのおかげで——採鉱、太陽エネルギー計画、科学研究や宇宙旅行——21世紀の宇宙は大混雑の環境になりつつあるが、そこには21世紀にふさわしい法律と合意が必要だ。

宇宙は全世界の共有地という考えは消えようとしている。事態は深刻だ。わたしたちには一連の新たなルールと、そのルールに則って宇宙をより深く理解することが必要だ。そこには80億の理由がある。地上の80億人ひとりひとりが、ルールに基づいた宇宙の秩序と、宇宙の問題にかかわる世界的協力と無関係ではいられないのだ。そうでなければ、わたしたちは宇宙の地理学をめぐって戦う結果に終わるかもしれない。地上の地理学でやってしまったのと同じように。

第4章

無法者

「はるか遠くの月からは、国際政治はとても些細なことに思える。政治家の襟首をつかんで25万マイルひきずりまわしてこう言いたくなる。『あれを見ろ、この下種野郎が』」

アポロ14号宇宙飛行士、エドガー・ミッチェル

太陽系第三惑星こと地球と太陽のあいだは過酷な領域だ。地形は険しく、環境は厳しい。だが、莫大な資源もある。これまで人類が出会ってきた似たような特徴のある多くの領域と同じように、そこは事実上無法地帯だ。宇宙には宇宙の法律が必要なのだ。

しかしそれは簡単なことではない。法律や協定の制定は、国境や境界線がはっきりしており、確立された先例がある地球上でさえかなり難しいのだ。さらに、宇宙で優位な立場を放棄することは大国の利益にならない。

現存する宇宙法は恐ろしく時代遅れで、現在の状況に当てはめるにはあまりにあいまいだ。大半はおもに冷戦の産物で、その主役たちによって協議された。それらはもはや目的に合致しない。たとえば宇宙利用を管理するルールの大半が基準にしている宇宙条約（1967年）は、こう述べている。「月その他の天体を含む宇宙空間は、主権の主張、使用若しくは占拠又はその他のいかなる手段によっても国家による取得の対象とはならない」［第2条。外務省ページより引用］、そして探査は「すべての国の利益のために、その経済的又は科学的発展の程度にかかわりなく行われるものであり、全人類に認められる活動分野である」［第1条。外務省ページより］。もしある国が、他国が活動するには安全ではない月の特定地域に基地を造ろうとしたら、それは占拠や主権の主張にあたるのだろうか？　もしある国が地球で売るために月の資源を採掘したら――それは全人類の利益になるのだろうか？　宇宙条約は、宇宙に大量破壊兵器を置くことを禁じているが、通常兵器には言及していない。そしてどのような場合でも強制措置はない。月協定（1979年）も同じく時代遅れで、効力を持つには加盟国が少なすぎる――アメリカ、中国、ロシアが批准していないことは注目に値する。

このような条約は、主権国家の技術の変化を網羅できていない。そして現在はゲームに参加している多数の低所得国や中所得国の意見が、最初にルールが制定されたときはほとんど取り入れられていなかったという事実が反映されていない。イギリス首相官邸の外交政策顧問、ジョン・ビュー教授が言うように、「宇宙は、権力バランスが拮抗（きっこう）し、ルールが完全には決まっていない世界秩序の新天地のひとつ」なのだ。

このような過去の遺物に代わって登場したのが、拘束力のないその場しのぎの一連の協定だ。アルテミス合意（２０２０年）はその好例だ。この合意は、月面活動にかんする最新の指針を設定しているかのように装っている。月協定と一致している点もいくつかある。どちらも月探査の法による管理を奨励し、国籍を問わずすべての宇宙飛行士と宇宙船を支援することに同意し、月面で集められた科学データの公開を要求している。

しかしながら、そのふたつには根本的な違いがある。月協定は多面的な、事実上全世界的な月のための法の枠組みを促進する一方で、アルテミス合意は一連の相互合意で、文面はおもにアメリカによって書かれ、アメリカの宇宙法へのアプローチを反映している。「アップデート」のなかには、月協定の中核をなす条項の原理や哲学に相反するものもある――たとえば、月での活動は全人類共通の遺産であり、利益であるべきだという考えを、アメリカ人は受け入れていない。

そのため、アルテミス合意を批准することによって、加盟国はアメリカの月協定と――より広いコンテクストにおける――宇宙法への法的アプローチを実質的に受け入れた。当初の署名国はオーストラリア、カナダ、日本、ルクセンブルク、イタリア、イギリス、アラブ首長国連邦、そしてアメリカだ。その後ルーマニア、ウクライナ、韓国、ニュージーランド、ブラジル、ポーランド、メキシコ、イスラエル、バーレーン、サウジアラビア、フランス、シンガポールが加わった。しかし、１７０か国以上は非加盟で、中国とロシアは明確に除外されている。アメリカ議会はＮＡＳＡが中国と協力関係を結ぶことを禁じ、ロシアはアメリカのスパイ衛星を危険な方法で追跡したのを批判されたのち締め出された。

ギリシア神話では、アルテミスは月の女神であり、太陽神アポロンの双子の姉だ。アルテミス合意の参加国には神話を思わせるような高尚な大志はないが、野心は間違いなくある。そのミッションは、人類を数年以内に月面に着陸させ、今後10年以内にそこに永久構造物を建造し、２０３０年代初頭に入植を実現することを視野に入れている。

アルテミス合意の署名国は、月面に存在感を確立し、レアメタルや水、水素を採掘するための法的根拠を明らかにするという考えを受け入れている。それによると、資源の採掘は本質的に国の占有には当たらない——言い換えるなら、採掘を行う国は、作業をしている区域を所有しないということだ。しかしこれは事実上の「早い者勝ち」を意味する。中国は、アルテミス合意の加盟国に続いて比較的早く月面に到達しそうだ。採掘が成功しそうな場所は限られているとわかれば、そこは争奪戦になるだろう——そのときまでに所有権を主張した国々によって。開発途上国は、宇宙条約に明記されている「全人類に認められる活動分野」も逃すことになるだろう。

アルテミス合意第11条は、「宇宙活動の干渉回避」という高尚な目標を掲げている。これを達成するために、月面でビジネスを始めたい者は誰でも、「その活動を通知」する。そういった活動は「安全地帯」で行われることになる。そこは他国の活動が「有害な干渉を引き起こす合理的可能性ありとみなされる」領域と定義される。

事態が悪化するか改善するかは、時給制の宇宙ビジネス専門弁護士の腕にかかっている。どうやら安全地帯は時間経過とともに変化するので、「活動を行っている署名国は対応する安全地帯の規模や範囲を適宜変更しなければならない」のだ。しかし心配は無用だ——署名国は「現実的かつ可能な限り速やかに」関連情報を公表するだろうから。ふう！　これで一安心だ。いや、ではこの条項は？　ああ、加盟国は情報公開もするが「占有情報や輸出管理情報の適切な保護を考慮」してもいるようだ。これほど法律用語に抜け穴があるなら、そこを縫うように宇宙船エンタープライズ号を飛ばすことも可能だろう。世界の大半の国は署名していないのだからなおさらだ。たとえ彼らが署名したとしても——「合理的」「有害な」「干渉」とは何かを定義しなければならない。

ではその項目を書き直してみよう。「天体のあらゆるエリアへの自由アクセスの原則を厳粛に承認し、賛同し、積極的に受け入れたのちに、署名国は万が一の他国の妨害に備え、他国が侵入できない境界線を定める権利を主張する。署名国は境界線を明確に定め、それを変える権利を保持する。署名国はこうした問題の透明性に責任を持つが、そうしないと選択した場合は除外される」

さあ、修正できた。オリジナルの文書が正しいか正しくないかという問題ではなく、そこには月面以上の穴があるということだ。

アルテミス合意の支持者は、月は平和目的でのみ使われるべきと合意されたのだから、「安全地帯」は問題にならないと反論する。しかし、「平和的」とは何かも定義されていないし、わたしが考える定義とあなたの定義が違ったらどうなるだろう？　1959年、南極条約にかんして、ロシアは「平和的」を「非軍事的」と定義した。しかし、アメリカはそれを「非攻撃的」と解釈している。攻撃的でなければ軍の活動が許されるという意味だ。非軍事的理論と非攻撃的理論と呼ばれるこれらふたつの考えのおかげで、今後数年間宇宙ビジネス弁護士が失業することはないだろう。宇宙条約の条項では、軍人が宇宙空間で平和目的のために活動することがすでに許されている。しかし、たとえばあなたがひとたび「月面に既成事実」を作ってしまえば、アルテミス合意に参加していない国があなたの「安全地帯」に入った場合、攻撃的目的ではなくもちろん平和維持のための防御兵器が必要だと主張するのは簡単だろう。そしてあなたがひとたび防御兵器を手に入れたら、わたしもそれがほしくなる。もちろん、ただの防御用の目的だ……。

「安全地帯」は「勢力圏」にいとも簡単に変化する。「勢力圏」も法的定義があいまいな言葉だが、基本的には一国が経済的、文化的、軍事的等、何らかの形態の占有を主張する範囲を指す。地球上ではそのような領域への執着が何世代前にもさかのぼる紛争の一因となってきたので、それを宇宙へ持ちだすことは名案とは言えないかもしれない。

問題はこれだけではない。国家とともに活動する私企業にかんして、アルテミス合意各国は「自らのために活動する主体がこれらの合意を確実に守るために、適切な措置を講じる責任を負う」。しかし月で活動するアメリカの大手企業は、2015年の米国商業宇宙打ち上げ競争力法を逃げ道にできそうだ。その法はアメリカ市民が宇宙で獲得された「資源を私的に占有、所有、移送、利用、売却」することを許可しているからだ。一国の法律は国外では適用されないことを考えると、他の国々には反論の根拠がある。だがこれもまた複雑になり得る。

アルテミス合意第9条は、新たな概念を持ちだしている。宇宙空間の遺産の保護の概念だが、宇宙空間の遺産とは何か、どのようにそれを保証するかは規定していない。そのため、アメリカが月面のアポロ11号の着陸地点やニール・アームストロングの足跡、そしてアメリカ国旗には歴史的価値があると一方的に主張し、そのエリア全体をアメリカの安全地帯に分類するというシナリオも生まれる。アームストロングの足跡にはたしかに歴史的価値があるが、事実上の一方的な「法律」になりかねないものを制定することとは別問題だ。

現在は当初の月協定よりもアルテミス合意の署名国のほうが多いことも注目に値する。それが適法性についての議論の場でしばしば引き合いに出される。ある協定には国際法と同じ重みがあるとかなりの国が判断した場合、その後歳月が流れ、その文書に示された活動がしっかり根付いたら、各国はその協定を法律であるかのように扱い始める。明らかに過半数の国がある文書を承認したら、たいていは国際的な法的基準として合意される。その例が、海洋法に関する国際連合海洋法条約（UNCLOS）だ。これは海洋活動の法的枠組みと洋上の境界線を確立した条約だ。当初1982年に採択され、署名国が60か国に達した1年後の1994年に発効した。現在の署名国は168か国だ。アメリカやトルコをはじめ、多くの大国は署名していないが、それでも世界的な「海の憲法」とみなされることの妨げにはならない。

現在ＵＮＣＬＯＳが海上の紛争で引き合いに出されるように、２０３０年代に入り、いまより増えているはずのアルテミス合意署名国が、月面の領域がらみのロシアと中国の紛争でアルテミス合意を持ちだすだろうという仮定は理にかなっている。しかし、地中海に埋蔵されている原油やガスをめぐりギリシアと争うトルコがＵＮＣＬＯＳのさまざまな定義づけを受け入れていないように、北京とモスクワがアルテミスの定義に従うとはとうてい思えない。

２０２０年、当時のロシアの国営宇宙開発企業ロスコスモス社の社長、ドミトリー・ロゴジンは、アルテミス合意は月の「侵略」と同義であり、月を「もうひとつのアフガニスタンあるいはイラク」へと変貌させせかねないと述べた。翌年、ロシアと中国は、国際月面研究ステーションと称する月面基地を建造するための独自の覚書に調印し、この計画には他国も参加可能と宣言した。

したがって、一連の新しい条約が必要なのは、単に「安全地帯」が戦闘地域に変わらないように守るためだけではなく、テクノロジーによって創られる新たな現実に対処するためでもある。問題は、そのためにすべてのプレイヤーが参加しなければならない点だ。これまでのところ、宇宙の始まりが――そして一国の主権の領域の終わりが――地上80キロ地点なのか１００キロ地点なのかさえも合意できていないことを考えると、道のりは遠い。

こうした地上の国家間の問題を切り抜けるのはかなり厄介だが、時代遅れの宇宙法が検討すべきことがらは他にも山積みだ。たとえば、宇宙での活動とみなされるものは何か？　もしある国が宇宙の衛星を使って地上でドローンを操作し、それが軍事目標にミサイルを発射したら――それは宇宙条約違反になるのか？

そのとき使用された衛星が商業用だったら、その企業の衛星システム全体がこの時点で武器とみなされるという意味だろうか？　２００３年のイラク戦争中、使用されたアメリカの軍用品の68パーセントが衛星に誘導され、その衛星の80パーセントは商業用だった。もしイラクに同じ能力があったら、それらの人工衛星を攻撃する法的権利はあっただろうか？　２０２０年、新たな力学がこの議論に加わった。

ロシアのウクライナ侵攻開始直後、イルピンの町では、24か所あったインターネット基地局すべてがミサイル攻撃を受けてネットに接続できなくなった。だが2日後、接続は復旧した。イーロン・マスクのスペースX社が衛星通信サービス「スターリンク」の高速ターミナルを町へ送り、地球低軌道の最先端のスターリンク衛星と接続したからだ。スターリンクのエンジニアが皿のような平らな顔のヤツ（ディッシー・マクフラットフェイス）と呼ぶ1万個以上の機器が、ウクライナ各地に配備された。大半は一般人に使われたが、ウクライナ軍もネットワーク接続を維持したので、ドローン用も含めた司令設備を残すことができ、司令官に必要な情報を伝えた。

ロシア軍はターミナルと衛星間の信号を妨害しようとしたが、スペースXはそれを回避するべく素早く対処した。一連の出来事はすべてモスクワとワシントンにも筒抜けだった。ペンタゴンのデイヴ・トレンパー電子戦部長は「われわれもあれだけ機敏に動けなければならない」と述べた。一方で、ロスコスモスのドミトリー・ロゴジンは、スターリンクはペンタゴンの武器として機能したと訴えた。もしその通りなら、ロシアはスターリンクの衛星を合法的に攻撃できたのだろうか？　結局のところ、それはロシア兵を殺す過程の一部で使われていたのだ。スペースXは代理戦争を戦っている国側の第三者だと言うこともできる。もうひとつの最新の現実的シナリオはこうだ。中国共産党が成功の恐れのある蜂起に直面しているときに、スターリンクが防火長城ことグレート・ファイアウォール［中国のネットを網羅する大規模情報検閲システム］を迂回するネットリンクをつないで、市民が全国レベルで組織化することが可能になったら、中国はどうするだろう？

このような状況に対処するために、さまざまな計画が導入されている。2019年には、NATOが陸、海、空、サイバースペースに加えて宇宙空間を作戦領域とし、翌年には宇宙センター開設に合意、2021年にラムシュタイン（ドイツ）にオープンした。職員はNATO参加国から選ばれ、宇宙軍を持つ加盟国からナビゲーションや気象情報、NATO加盟国への潜在的脅威にかかわるデータを集め調整する役割を与えられた。ただし、フランスやイギリスからのデータであっても、同盟国は偵察やターゲットの特定にはいまだにアメリカに強く依存している。

2021年のNATO首脳会議では、従来の多くの地上戦力で依存しているのと同じ構図だ。第5条の相互防衛の条項を拡大しそこに宇宙を含めたが、ほとんど注目されなかった。その声明は入念に言葉を選んでいた。「宇宙への、宇宙からの、あるいは宇宙内の攻撃は（中略）現代社会にとっては従来の攻撃同様に危険になり得る。そのような攻撃は第5条の行使につながり得る」。その判断は「ケースバイケースで」なされる。

慎重な言葉選び――「なり得る」や「ケースバイケース」――は、わたしたちが新たな領域に足を踏み入れたことの表れだ。これは些末な枝葉ではない。NATO加盟国にミサイルを撃ちこむことを戦争行為と認定するのは簡単だが、レーザービームを発射して商業衛星を焼きつくすことはどうだろう？　そのような行為は主権国家の領土で起こるわけではないし、死傷者も出ないだろう。それを戦争と宣言する価値はあるだろうか？　たとえばイーロン・マスクの衛星のひとつがケニア上空を通過中に攻撃されたからといって、スペインが戦いを始めるだろうか？　おそらくそんなことはしないだろう。だがこのシナリオでさえ複雑だ。第6条は、NATO30か国の作戦領域を定め、その「領域内や上空」への攻撃について述べている。それによると、太平洋の無人の領域上空を周回している物体への攻撃は必ずしも第5条の発動にはならないが、数百キロ頭上の宇宙を主権国家の領土の「上空」とみなすのかどうかはやはり判然としない。

だから「ケースバイケース」という姿勢なのだ。それによってNATOは、軍事的対応を取る義務を負うのではなく、いったい何をするのか戦略的にあいまいな立場に置かれる。しかし定義がどうであれ、アメリカの早期警戒衛星のひとつが万が一撃ち落とされるようなことがあったら、そこに地理的制約はないだろう。

宇宙における私企業や民間事業の存在は、軍事作戦とは無関係の問題も提起する。それらの事業には地上のどの法律が適用されるのか——そしてどのように執行されるのか？　スペース・ムガル・フランケンシュタインが宇宙ステーション・シェリー上で生体細胞から人造人間を創ったと想像してみよう。地上の国家間の国際条約では人造人間を創ることを禁じたかもしれないが、スペース・ムガル・フランケンシュタインは国家ではないし、宇宙ステーション・シェリーは地上にはない——誰が彼を止めるのか、そしてどうやって？

荒唐無稽だろうか？　そうかもしれない。だがあり得る話だ。国際宇宙ステーションに滞在中の科学者たちは、バイオ・ファブリケーション・ファシリティでの作業ですでに3Dプリンターとバイオインク［生体組織を再現するために使われる特殊素材］を使って生体細胞を創っている。同じ研究は地上でも可能だが、重力が繊細な素材を破壊するため生成される組織の量は限られる。宇宙では、科学者は再生組織の足場となる組織スキャフォールドをプリントし、そこに細胞を追加していくことができる。3Dプリンターで人間の臓器を作ることを目指し、いまはその途上だ。地上での（もちろん火星でも）臓器提供者の不足を考えると、こうした科学界の技術革新は、人類にとって恩恵になるかもしれない。とはいえ、宇宙でのこうしたプロジェクトを規制する法的枠組みはあやふやだ。

ISS上では、科学者の出身国の国内法が影響力を持つと総じて理解されている。たとえば、日本の実験室でなされた発明は、日本で考案されたものと受け入れられる。しかしそれは参加国が署名した合意があるからだ。

もっとおぞましい側面に目を向けると……たとえば日本のモジュールで日本人宇宙飛行士が日本人の同僚を殺すという、ありそうにないシナリオでは、法律は明らかだ。宇宙条約は、司法権は宇宙へ打ち上げられた物体を登録した国が維持すると明言している。これは船舶や航空機の登記にかんする法律に似ている。しかし、「もっとも卑劣な殺人」に国籍の異なる人物ふたりが関与し、しかも現場が各モジュールをつなぐ渡り廊下だったら、ことはもっと複雑だ――もしそれがＩＳＳの外部で宇宙遊泳中に起こったら、さらに事態は混乱するだろう。

月を周回する全２００室の１００万星ホテル、スペース・テルへ向かう途中のオービタル・エクスプレスで殺人事件が起こったらどうなるだろう？　もしくは、そのホテルで事件が起こったら？　スペース・テルの所有者がインドの民間企業で、本社はセーシェルにあり、日本で作られた建材部品がカザフスタンとアメリカと中国から打ち上げられたロケットで宇宙まで運ばれていたら、もうお手上げだ。宇宙探偵ポワロに頑張ってもらうしかない。

現在のところ、こうした疑問への簡単な答えは存在しない。しかし、カナダが刑法の適用範囲を月面まで拡張するべく、法改正に向けて動いたことは興味深い。

現段階では、唯一の訴訟事例は前記のシナリオより平凡で、解決もかなり簡単だ。２０１９年、ＮＡＳＡの宇宙飛行士アン・マクレーンが、ＩＳＳ滞在中に元パートナーの女性の銀行口座に不正にアクセスしたとして訴えられた。ＮＡＳＡが調査に乗りだし、その告発には根拠がないことが判明した。マクレーンの元パートナーはのちに、連邦当局に虚偽証言の罪で告発されている。さらに取るに足らない例では、アポロ13号の宇宙飛行士ジャック・スワイガートが納税申告書の提出を忘れ、宇宙滞在中にその不手際を思いだしたという出来事もある。「ヒューストン」と彼は呼びかけた。「問題が起こった」。管制センターは一笑に付し、スワイガートは「国外に」いたという理由で内国歳入庁に書類の提出期間延長を認められた。

もし人類がまったく新しい惑星に定住したらどうなるのだろう？　そこではどこの法律が適用されるべきなのか？　そこは地球から統治されるのか？　将来的に入植地が「母なる惑星」の束縛から解放されたいと願い、自治のシステムを構築することもあり得る。移住先の惑星が遠くなればなるほど、地上の法律を強要することは難しくなるだろう。先に述べたように、イーロン・マスクのスペースXは人類を火星へ送ろうとしている。スペースXが行っている多くの事業のひとつが、スターリンクによるブロードバンド・サービスの提供だ。スターリンクには利用規約があり、以下の一節が含まれる。「火星で提供される、あるいはスターシップやその他宇宙船で火星への移動中に提供されるサービスについて、契約当事者は火星を自由の惑星とみなし、火星の活動には地球ベースのいかなる政府も権限や支配権を有しないと理解する。したがって、火星定住の際、意見の相違は確立された自治の原則によって誠意をもって解決される」

自治の原則？　その星の政府や自治の原則の責任者は誰なのか？　どうもクサい。

イギリスの学者にして宇宙専門家のドクター・ブレディン・ボーエンは、制限と条件の部分に対して手厳しい。「わたしの理解では、スターリンクには利用規約に政府の権限うんぬんを入れこむ法的権利はまったくない。なぜなら火星では国連が権限を持つからだ。第2に、自治の原則と誠意についてては、極端に政治経験が浅いことが露呈しており、残念ながらよく見かける科学・技術コミュニティの政治的無知の典型と言える」

先に触れたように、宇宙条約の第2条はこう述べる。「月その他の天体を含む宇宙空間は、主権の主張、使用若しくは占拠又はその他のいかなる手段によっても国家による取得の対象とはならない」。第3条は、条約の当事国は「国際法に従って」宇宙活動を行わなければならないと定めている。マスク氏は国家ではないので、このようなルールには縛られないという指摘に対しては、この条約の当事国は「宇宙空間における自国の活動について国際的な責任を有する」と異を唱えることができる――たしかにその通りなのだ。しかし、スペースXがホンジュラスからの打ち上げを成功させ、切れ者弁護士を批判者へ差し向け、会社の本社をアメリカからパナマへ移転し終えるころには、マスク氏はすでに火星郡の保安官になっているだろう。超富裕層がどのように彼らの「移住地」を統治するかは、現時点では不明だ。

ドクター・ボーエンの言を借りるなら、「億万長者は彼らの『移住地』を、工場を運営するように運営し、市民を最低賃金の労働者のように扱うのだろうか?」。ボーエンは「移住地(コロニー)」という言葉にも不安な気持ちを抱いている。「大量虐殺、企業の搾取、生態系の破壊、奴隷制や人種差別と結びつくコロニーという言葉を、宇宙での『より良い未来』のために使いたいと思うだろうか?」

あいまいな部分があったとはいえ、かつては適切とされた多国間条約や行動規範、そして信頼醸成措置も進化が追いつかず、スペースXやイギリスの起業家リチャード・ブランソンのヴァージン・ギャラクティック、ジェフ・ベゾスのブルーオリジン、そしてまだ知名度は低い中国のアイスペース(星際栄耀)、ロシアのアーセナルといった民間企業の登場についていけていない。

民間企業や個人が別の惑星に居住地を建設することが実現したら、こうした新しい地球以外の「移住地」の「支配者」は、自らの権限のおよぶ範囲を厳しく律する必要があるだろう。このプロットを核に持つSF小説はいくつもあるが、現実問題として、私設軍を擁し事実上インドの一部を支配した東インド会社の宇宙版の誕生を避けたいなら、目的にあった法律が必要だ。

同じく国際協力が必要な喫緊の課題もある。なかでも大きな問題がスペースデブリと呼ばれる宇宙ゴミだ。エヴェレット・ドルマンも、この問題を優先事項として扱う新たな条約が必要だという意見だ。「デブリは目下いちばんの問題だ。宇宙開発国はどこも、デブリは減らす方向で考えているし実際減少させるとさえ公言してきた。問題は、そうした計画が必ず誰か一方の利益を優先している点だ」

NASAの概算によると、地球の周回軌道上のデブリのうち、直径10センチ以上のものは(だいたいグレープフルーツほどのサイズ）２万３０００個以上あるという。さらに、1〜10センチの大きさ（テニスボールは直径約7センチ）は50万個、１ミリ以上の大きさのものを合わせると約1億個にのぼる。デブリの大半は小さいかもしれないが、時速２万５０００キロで移動しているので、接触すると厄介だ。そのスピードで移動する1センチの破片は、あなたに、あるいはあなたが搭乗している宇宙船に時速40キロで衝突する小型車並みのエネルギーを生むのだ。

莫大な数の人工衛星が地球を周回しているということは、この問題が悪化する一方だという意味だ。スペースXはスターリンク・ブロードバンド・サービス用に4万基の衛星打ち上げを目指している。新規ベンチャーのアストラは、１万３６００基の打ち上げを申請した。一方アマゾンは３２００基を予定している。アメリカだけでこれだけの数だ。専門家は、２０５０年までの打ち上げ予定は最低でも5万基になり得ると考えている――しかし、それまでに軌道上の衛星は25万基になるかもしれない。

さらに多くの人工衛星が打ち上げられれば、デブリがさらに増えることは避けられない。デブリが増えれば、ケスラー・シンドローム［デブリの密度がある値を越えると衝突の連鎖が起こり、宇宙開発が行えないほどデブリが爆発的に増えるという理論］のリスクが高まる。このシナリオでは、地球周回軌道上のデブリの量が、衝突が爆発的に増える値に到達する。すると壊滅的な連鎖が起こり、大量のデブリがハッブル宇宙望遠鏡に衝突、その後ＩＳＳに向かう途中のスペースシャトルを破壊する。２０１３年のＳＦ映画『ゼロ・グラビティ』ではこれが物語の一部だったことを覚えている方もいるかもしれない——だがあの映画のプロットは、元NASAの科学者ドナルド・ケスラーからヒントを得たのだ。彼はそのアイデアを1978年の論文で公表していた。ケスラーの理論では、連鎖はすべての衛星が破壊されつくすまで続く。そして地球低軌道上にデブリのリングができ、宇宙船が地球から離れることさえできなくなるのだ。

ケスラー・シンドロームはあくまでも予想だ。だが現在デブリによって投げかけられている脅威は仮説ではない。事あるごとに、ISSはスラスターを作動させてデブリの衝突を避けなければならなかった。軌道上では衛星同士も衝突している。もっとも有名なのは2009年の衝突だ。ロシアの休止中のコスモス2251号通信衛星が、アメリカの運用中のイリジウム衛星にシベリア上空800キロで衝突したのだ。この事故で最小で10センチもある2000個ものデブリが地球を周回する宇宙ゴミに加わった。

デブリ削減の合意に向けた努力が始まったとはいえ、複雑な要素が山積みだ。代表的な問題は、デブリの生成が偶然ばかりが原因ではないことだ。人工衛星は多くの理由から恰好の標的であり、地球上空を時速数千キロで移動する物体を狙うように設計された衛星攻撃兵器（ASAT）も存在する。アメリカが初めてASATの実験をしたのは1959年だった。そのプログラムはケネディ大統領やその後の歴代大統領に継承され、ロナルド・レーガンの戦略防衛構想、通称スター・ウォーズ計画で頂点に達した。当然ながら、ソ連も似たような計画に取り組んでいた。ソ連はサリュート宇宙ステーションのひとつに「自己防衛」の速射砲まで搭載し、

1975年には実際に大気中に弾丸を試射した。SF映画に登場する「殺人光線」そのものではなかったものの、宇宙で初めてだったことは確かだ。だが速射砲には限界があった。それで狙いを定めるには、20トンもの宇宙ステーション全体がターゲットに向きを変えなければならなかったし、武器の発射と同時にスラスターにも点火する必要があった。射撃の反動でステーションが未知の領域へ突進することを避けるためだ。サリュートの軌道を横切るように発射しなかったのは賢明だった。そうするとステーションの後部を自ら撃ってしまう結果になっただろう。実現した唯一の試射は、宇宙飛行士がステーションを去ってから遠隔で行われた。

事態はそれ以来大きく動いてきた。現在は、衛星を――地上からでも、宇宙からでも――撃ち落とせる多種多様な精密誘導兵器が勢ぞろいしている。そこには弾道ミサイル、地球から彼方の静止軌道上へ発射されるレーザー、高出力マイクロ波、サイバー攻撃も含まれる。衛星のカメラに化学薬品を噴射して「目をくらませる」方法も考えられる一方、デブリをつかむために設計された油圧アームを持つ「宇宙清掃」衛星も、別の衛星を軌道外に放り投げる敵対的兵器に簡単に変貌する。

2007年、中国は地上発射型ASATを使い、上空863キロにある自国の機能停止中の気象衛星を破壊したが、まるで敵の衛星や宇宙船に対する発射試験のようにも見えた。四川省の西昌衛星発射センターからは、運動エネルギー弾（KKV）を搭載した弾道ミサイルが打ち上げられた。KKVが「スマートロケット」と呼ばれることもあるのは、爆発する弾頭を持たないからだ。かわりにKKVは単純に標的に激突し、「衝突破壊」攻撃をする。

破壊の科学は、比較的簡単な分野だ。攻撃ビークルの衝突は、標的の凝集エネルギーより高レベルの運動エネルギーを生む必要がある。それで標的を粉々に吹き飛ばすのだ。難しい部分は、必要なスピードで衝突するように調整すること、そしてもちろん標的に当てることだ。攻撃ビークルは軌道を周回しているわけではない。毎秒数キロのスピードで弾道弧を描きながら宇宙を移動しつつ、軌道上をより速く移動するターゲットのスピードや方角をコントロールシステムで追跡する。ビークルの弾道弧がごくわずかにずれただけで、あるいはターゲットのスピードや方角の計算に小さな誤差が出ただけで、攻撃が標的をはずれることを意味する。予定通りに衝突すれば、影響は破壊的だ。

2007年の実験で使われたKKVは、重量約600キロと考えられ、衛星に相対速度3万2000キロで衝突した。それほどのスピードになると、固体は液体のように振る舞い、ふたつのマシンは実質的に互いを通過し、数千もの金属の微細片を含む粉塵雲を発生させた。中国以外の宇宙開発国は、その結果直径1センチ以上のデブリが3万5000個以上発生し、その後地球低軌道上を周回し始めたと知っても大きな反応は示さなかった。そのデブリの多くはいまだに軌道上に残っている。宇宙旅行の歴史に残る過去のすべての出来事によって発生したデブリ以上のデブリが、この実験だけで生成された。

教訓はいくつもあるのに生かされていない。2021年、ロシアは直接上昇型「衝突破壊」

ＡＳＡＴ試験を利用して、自国の衛星ひとつを破壊した。他の国々も同じことをしてきたが、モスクワのやり方はいかにも無謀だった。衛星は吹き飛ばされて１５００以上の金属片になり、すぐに地球の周囲を高速で回り始めた——ＩＳＳと同じ軌道を。アメリカ人４人とロシア人ふたり、そしてドイツ人ひとり、計７人の乗組員はいつでも脱出できるようにドッキング中の宇宙船の脱出カプセルに2時間避難しているよう命じられたが、結果的に避難は不要と判明した。

アメリカ宇宙司令部は声明を発表した。「ロシアの行為は、あらゆる国家にとっての宇宙領域の安心、安全、安定性、長期的持続可能性を意図的に無視するものだ」。日本、韓国、オーストラリアをはじめとする多くの国が賛同した。ロシアは反論した。国防大臣セルゲイ・ショイグは、アメリカの侵略に対するロシアの抑止力を高めるための通常の手続きであり、ＩＳＳにはなんらの危険ももたらさなかったと述べた。

衛星を破壊する手段はＡＳＡＴだけではない。すべてのプレイヤーが自身の電子戦闘能力を向上させ続けるだろう——すでに衛星システムへのハッキングやその制御、所有者のアクセスを拒んだり単に妨害したりといった形で成果はあがっている。しかし、どの国も電子戦のみに頼ることはなさそうだ。というのも、ライバルがさらにデブリを増やすような「物理的」ダメージを与える武器をいまだに開発している恐れがあるからだ。それに対抗するために、ＡＳＡＴを禁止する包括的な条約が必要だ。これは「実現可能」に見えるかもしれないが、実際は難しい。ことは慎重に運ばなければならない。「わたしたちはＡＳＡＴ禁止に同意します」と書けばいいというものではないのだ。地上の要素はもちろん、文書には正統性の定義や明確化、あるいは指向性エネルギー兵器、高出力マイクロ波、サイバー機能、ロボット機構、化学物質噴霧器の定義が求められる。民間企業もかかわる必要があるかもしれない。

ＡＳＡＴ禁止の動きは２０１４年に見られた。ロシアと中国は大幅な改定案にこだわった。それは宇宙ベースのＡＳＡＴだけを禁じ、地上の武器の開発や備蓄を許可していたためだ。アメリカはそれを根拠に反対し、それ以降実質的な進展はほとんど見られない。しかし、２０２２年、アメリカが率先して「破壊的な直接上昇型ミサイルによる衛星破壊実験」を自主的に一時停止すると初めて宣言した。副大統領カマラ・ハリスは、そうした実験は「無責任だ」と述べ、「わたしたちが宇宙で行っていることの多くを危険にさらす」と語った。しかし、「破壊的な」という言葉のおかげで、コンピュータ実験や標的に衝突しないミサイル発射を実施する余地がアメリカには残されている。

目下のところ宇宙ゴミ問題はますますふくれあがる一方なので、その解決策をすぐにでもみつけなければならないようだ。

では、デブリを空からなくすだけでいいのだろうか？　ひとつの難関は、宇宙ゴミに対処できる機械はどれも、二重の目的を持ち得るという点だ。近い将来、そうした指向性エネルギービームの照射は——小さなデブリに向けて分散させるため、あるいは大きなデブリを大気中に押しやって燃え尽きさせるため——宇宙船や人工衛星を攻撃する武器としても使われ得る。役目を終えた衛星をはじめとする大型のデブリは宇宙船が回収することも可能だが、ここでも各国政府はそのような宇宙船は敵軍配備の隠れみのに使われるのではないかと懸念する。

デブリ問題を軽減する方法は他にもある。たとえば世界的に認められた宇宙状況監視システムを導入すれば、すべての衛星を一覧にし、指向性機能を探って追跡することができる。衛星すべてに小型ブースターロケットをつけて衝突を避けたり、稼働寿命が尽きたら比較的早い時期に軌道から落下させたりすることも可能だろう。民間企業も大きな金属片を網や銛（もり）で捕らえる飛行船建造という実入りのいい契約を確保するために動いている。しかし、日本の宇宙ゴミ清掃企業が中国のデブリや役目を終えた衛星を回収するという契約をアメリカから勝ち取って、アメリカのプロジェクトのために一役買ったと仮定したらどうだろう？

ドルマン教授はこのような安全対策の構築が直面する無数の問題をリストアップしている。「監視システムは宇宙のセンサーからのみ観測可能な解像度であることが必要だ。誰が生データを見る機会を得るのか？　他にどのようなことに利用できるのか？　考えられる軍事的利益は何か？　第2の主要課題は、規制遵守を強制するのは誰かという点だ。強制者にはどのような利益が生じる可能性があるのか？　誰が資金提供するのか？　どこの宇宙船が使われるのか？　それを建造し、運用し、維持するための割のいい契約はどこが手にするのか？」。衛星にかんする計画や規定はどれも治安や国家安全保障の問題と切り離せなくなるのだ。

他国の機械は運用できない「安全地帯」を衛星用に設定することは理にかなっているように見

えるかもしれない。だがそれは海上交通路でUNCLOSのもと実施されている「無害通航」［沿岸国の平和や秩序、安全を害しない条件で事前通告なしにその領海を通航すること］や航行の自由の概念と矛盾する。それはまた、一国が他国の衛星を調査し、それが軍民両用ではない（軍用ではなく軍事転用もできない）と確認することを認める今後の合意を難しくする。

今後しばらく、デブリは重大な衛星ネットワークと宇宙ステーションに、そしてわたしたちの暮らしに危険をもたらし続けるだろう。

合意形成がされていないエリアは他にも数多い。たとえば、力強い太陽フレアの発生が地表に関係することはもはや当然であり、インターネット時代には世界経済を破綻させるほどの巨大で即効性のある影響をおよぼす。地球低軌道の衛星も地上の通信機器も、破壊されるかもしれない——これがいわゆる「インターネット黙示録」で、全域停電（ブラックアウト）、暴動、サプライチェーン崩壊に加え、あなたが最後の瞬間に入札したネットオークションも無効になる。

比較的最近、この規模を縮小したような出来事が実際に起こった。1989年3月、宇宙飛行士たちが太陽表面の大規模な爆発に気づいた。それから数分で、10億トンものガス雲が時速100万キロ以上のスピードで地球に向かい始めた。翌日、帯電粒子のガスが地球の磁場を乱し、北米に達して電流を発生させた。午前2時44分、ケベック送電網に脆弱性が発見され、その2分後、ケベック州全域が停電した。コンピュータに冷蔵庫、オーブン、エレベーター、信号機にいたるまで、電気を必要とするものすべての電源がオフになった。宇宙ではいくつかの衛星が衝突して回転し、制御不能に陥った。電力復旧には12時間かかった。

生活の基本インフラも、商業や軍事分野も衛星頼みであるわけだが、ではそれを守るために各国は共同で何をしているのだろう？　カリフォルニア大学のコンピュータ科学専門家、サンゲータ・アブドゥ・ジョシの答えはこうだ。「わたしの知る限り、大規模な太陽嵐に関連する世界的合意や計画は存在しない。最近の研究では、壊滅的な太陽嵐の最中の経済的損失はアメリカだけで1日400億ドルにのぼると見積もられている。太陽嵐はあらゆる職業に影響をおよぼすだろう。それにもかかわらず、わたしたちには最悪の太陽嵐を想定した防災計画がないのだ」。彼女はプラス面として、送電網部門では最悪の事態を評価するための包括的な取り組みが進行中であること、特定の地域は他の地域よりリスクが高いので、低リスクの国々が新たな衛星を素早く打ち上げて接続を再構築できないか研究が続いていることをあげている。

地球が不運なタイミングで不運な軌道に入り、直径1キロ以上の小惑星に衝突した場合にもたらされる危険についても同じことが言える。アメリカ人科学者にしてコメディアンのビル・ナイが言うように、小惑星の大きさ次第では「ゲーム終了になりかねない。それは文明にとっての『コントロール・オルト・デリート』、つまり再起動なのだ」

彗星の地球衝突を描いた映画『ドント・ルック・アップ』が現実になるような、万が一の事態ですべきことを定めた国際計画はなにひとつ存在しない。しかし、悲観的なことばかりではない。ＮＡＳＡは、海外の仲間たちとともにＤＡＲＴ――二重小惑星進路変更実験――というミッションを開始し、地球との衝突コース上の巨大な物体にミサイルを発射して進路を変えられるか検証した。

初回の実験は２０２１年11月、スペースＸのファルコン９ロケットでＤＡＲＴ探査機を打ち上げて行われた。ＤＡＲＴ探査機は大型冷蔵庫ほどの大きさで、地球に接近する軌道を持つ小惑星ディディモルフォスに1年かけて到達した。ディモルフォスは直径１６０キロ、より大きな小惑星ディディモスの周りを回っている。ＤＡＲＴはディモルフォスの真正面から時速２万３７６０キロで衝突した。それにより小惑星の進路はわずかに変わり、当時12時間だったディモルフォスの公転時間は32分短くなった。これは重要な分岐点だ。人類が初めて惑星体の軌道を変更したのだ――そのために3億２５００万ドルが有効に使われた。

このような問題への取り組みは、主要な宇宙開発国同士の、なかでもアメリカと中国の協力を促す法律が存在すればもっと容易だ。世界の2強国が互いの意見の相違をわきに置くことを期待するのはあまりに無邪気だが、もし両国がそれを受け入れ、互いの疑念に惑わされることがなくなれば、科学的専門知識の交換から大きな恩恵を受けられるし、他国もそれに続くだろう。中国はすでに小惑星軌道修正システム開発計画を進め、まっすぐ向かってくる一都市ほどの大きさの岩塊から地球を守ろうとしている。

接近する物体を特定する技術は、25年以上も先まで事前に識別できるほどに向上した。アポフィスという名前のエンパイアステート・ビルほどの大きさの小惑星の場合、初めて発見されたのは2004年だったが、2029年に地球に衝突する可能性が2・7パーセントあることがすぐに確認された。幸い、この計算はのちに見直され、地球から3万7000キロ以内を通過する異常接近の可能性が100パーセントと訂正された。とはいえ、それでも近い距離だ。それが2029年に起こるだろうという見込みは変わらない。スケジュール帳に書きこみたいなら、予測日は4月13日だ。ついでに2060年と2068年の予測も書いておくといいだろう。科学者は、2029年に地球に異常接近したアポフィスがこのいずれかの年でふたたびぐるりと向きを変えるかもしれないと考えているからだ。そして地球に衝突するかもしれない、と。

このような分野での合意は安全上の憂慮によって妨げられるが、さらに政府予算の問題もある。予算がガラス張りの民主主義国ではそれが顕著だ。問題は、エヴェレット・ドルマンが「カトリーナ・シンドローム」と呼ぶものだ。2005年にハリケーン・カトリーナがニューオーリンズを直撃し、死者が1800人以上にのぼった。それは「100年に1度」のハリケーンと呼ばれた――1世紀に1度しか起こらないという意味だ。「100年に1度」起こるかどうかの出来事に備えるための増税を有権者に納得させることさえ難しいのに、「1万年に1度」の出来事が遠い宇宙からもたらされるとしたら……誰がそのような政策で選挙運動をしたいと思うだろう？

とはいえ、長く警鐘が鳴らされてきたおかげで、科学者や宇宙専門家、戦術家、環境問題専門家のあいだでは危険が認知され、それは政治家の耳にも届き始めている。

ここで取り上げたことは実際にはひとつも起こらないかもしれない。だが適切な法的枠組みがなければ、こうした仮定の出来事を現実のものにしようという誘惑は大きくなる。自国より相手国のほうが優位に立っているのではという恐れがある場合はなおさらだ。わたしたちはすでに宇宙兵器の開発競争のただ中にあるが、それは終わらせなければならない。過去の遺物の協定に頼りすぎるきらいがあるのも考えものだ。なかでも有名なのが宇宙条約だ。

いま必要なのは、明確さ、透明性への共同コミットメント、資源の共有、デブリの回収、宇宙船の処分、自由航行、衝突回避、データの開示、状況認識、宇宙交通の管理で、これらすべてをすべての関係国が合意する高評価のルールに基づいて行わなければならない。宇宙大国のビッグ・スリー――中国、アメリカ、ロシア――は、いま現在ほとんどの点で合意に達していない。そして彼らは宇宙での出来事は地上での出来事の延長線上にあるということを知っている。彼らは野心的で互いの意図に不信感を抱いている――だから中国もアメリカも、宇宙の新たな国際ルールを独自に設定したがっているのだ。どちらの国も、協力し合うほうが利益になると、周りから説得される必要があるだろう。

宇宙に関連する法的システムの整備は、海事法のような他の包括的な分野にはほど遠い。宇宙の条約には思いきったアップデートが必要で、場合によっては廃棄し新規の作成もやむを得ない。テクノロジーは法律よりも進化が速い。法律がなければ、地政学は――そして現在の宇宙地政学は――まさに迷宮なのだ。

第5章

中国——宇宙への長い距離

「一番乗りが最初に成功する」

中国の格言

時は2061年。地表は一面凍りついている。膨張する太陽から逃れるために、地球はさすらいの旅に出ていた。もはや自転はしていない。地球の片側に設置された数千基もの核融合エンジンによって太陽系の向こうへと押し進められているからだ。太陽から離れれば離れるほど、気温は下がる。世界の人口の半分は死に絶え、生き残った人々は広大な地下都市で暮らしている。しかし、地球はケンタウルス座アルファ星に到達しなければならない。そこには膨張しない完璧な太陽があるので、普通の暮らしに戻ることができる。孔子は「4・5光年の道も一歩から」とは言わなかったのだが。

これは完全にいかれた、同時に非常に愉快な2019年の中国のSF映画『流転の地球』のプロットだ。公開されるや、映画は中国国内で大ヒットし、さまざまな興行記録を塗り替えた。動画配信サービスのネットフリックスで世界的に配信され、非英語映画で史上5番目の収益をあげた。興味深い点がいくつかあり、とりわけソフトパワー［国家が軍事力や経済力ではなく文化や理念で相手を動かすときの力］と、中国の宇宙観の投影はおもしろい。

監督の郭帆（グオ・ファン）は、アメリカには最終的に地球を去り「果てなきフロンティア」に移住する人々の物語があり、それはアメリカのSF文学や映画で描かれてきたと語る。しかし、中国にあるのは宇宙の資源を使って地球の生活を向上させる物語だと彼は論ずる。これは『流転の地球』のテーマのひとつだ。郭帆はハリウッド・リポーター誌にこう語った。「ハリウッド映画では、地球にこの種の危機が起こったら必ずヒーローが宇宙へ飛びだし、新たな生活の地をみつける。とてもアメリカ的なアプローチだ——冒険も、個人主義も。（中略）だがわたしの映画では、わたしたちはチームとして動き、地球全体がわたしたちとともにあるとみなす。これは中国の文化的価値観から来ている——祖国、歴史、そして文化の連続性だ」

それが中国共産党の教えにぴったりかなうのも、共産党が映画を支持したことも驚きではない。郭帆の映画は、国営映画会社の中国電影集団も制作に加わり、中国では当たり前のことだが共産党宣伝部の認可を受けなければならなかった。中国教育部は、国中の学校で上映されるべきだと推薦した。党の中央規律検査委員会は映画を称賛しようという気になった。北京の外交部も役割を果たして宣伝し、報道官の華春瑩が記者団に「いまいちばん話題の映画は『流転の地球』

ですね。みなさんがもうご覧になったかどうかは知りませんが。お勧めです」と語った。とくにおかしな発言ではない。映画についてたずねられたわけでもないのにこう言ったという点以外は。

映画では世界統一政府が描かれるのだが、地球を救うのは中国主導の計画と中国人のヒーローなのも納得だ。とはいえ、友好的なロシア人宇宙飛行士の助けも借りている。ヒーローが窮地に陥るとたいていは「年寄りにこんなことさせるな！」とかなんとか言いながらアメリカ人が助けそうなものなので、これは目新しい。『流転の地球』では、兵士が実現不可能なほど巨大なマシンガンを木星に向けて撃ちながら叫ぶシーンで似たようなせりふが登場する。「くたばりやがれ、木星め！」。このせりふで、映画を観たいと思うかどうかが決まるだろう。

共産党指導部が映画を観てほしいと願っているのは間違いないが、それは『流転の地球』が「習近平思想」とみごとに調和しているためだ。北京は、向上する一方の中国の宇宙能力がアメリカ等の国々に脅威とみなされていることを知っている。映画をはじめとするソフトパワーを使えば、海外の視聴者に中国の活動には脅威は何もないと示すことができるし、同時に国内では国家の威信を高め、なおかつ利益の確保もかなうのだ。

中国の国家主席は長らく、中国の宇宙計画は誰の脅威にもならないという考えを強く主張してきた。実際、国際的枠組みのなかで人類の利益のために動こうとしている。ではその宇宙計画が完全に人民解放軍によって直接監督されているのも全人類の利益のためなのだろうか？

そうではない——とはいえ、他の国でもそれは同じだ。しかし、中国の宇宙計画は他国の計画よりも軍事化が進んでいる。

中国国家航天局（ＣＮＳＡ）は、国家国防科技工業局の支配下にある。ウェブサイトによると、「軍事力を強化するために」、そして「国防、軍事力、国家経済、軍事関連組織の要望に応えるために」設立されたそうだ。ロケットの打ち上げ場は、宇宙やサイバー空間の戦いや電子戦のミッションを担当する戦略支援部隊を通じて軍に運営されている。宇宙飛行士——中国ではアストロノートではなくタイコノートと呼ばれる——を担当する部門は、中央軍備品開発部の傘下にある。

こうした情報はどれも極秘ではないが、中国は宣伝に本腰を入れていないようだ。政府の中国語のウェブサイトは制服姿の高官の写真の公表を含め、軍の支配について公にしているが、英語版ではほとんどそれに触れていない。

習近平は、中国は世界でもっと指導的役割を担うべきだと信じているし、未来に向けた計画にとって宇宙は欠かせない要素だと考えている。中国は「テクノナショナリズム」〔自国の優位を保持するために、先端技術を公開しないこと〕のアプローチで現代化に取り組んでいるが、それは目的を達成するためには技術的リーダーになる必要があることを充分に理解しているためだ。

１９５０年代、毛沢東は習近平と似たような路線を考えていた。彼は中国がジャガイモひとつ宇宙へ打ち上げられないことを嘆いた。彼がなぜそんなことを望むのか、たずねる勇気がある者はいなかった。そして１９５０年代末になっても中国は相変わらず貧しく、おもに農業中心の国だったが、長距離ミサイルと宇宙技術への投資が決断された。

アメリカのヴェルナー・フォン・ブラウンとロシアのセルゲイ・コロリョフの中国バージョンが銭学森（せんがくしん）（1911～2009年）だ。中国が輩出した偉大な科学者のひとりで、「中国ロケット工学の父」と称される。彼は上海交通大学を首席で卒業し、勉学のためにマサチューセッツ工科大学へ、その後カリフォルニア工科大学へ進み、そこで20年間研究を続けた。セオドア・フォン・カルマン教授の指導のもと、「決死隊」と呼ばれたチームの一員となった。学内でロケットを建造しようとしていたこと、爆発しやすい化学物質の事故が続いていたことがチーム名の由来だ。

第2次世界大戦中、銭はドイツのV1、V2ロケットへのアメリカの対応策や、世界で初めて原子爆弾を開発したマンハッタン計画に取り組んだ。暫定的に中佐の地位をもらったのちドイツへ送られ、フォン・ブラウンをはじめとするVロケット開発の科学者たちに話を聞いた。終戦までに、銭はジェット推進技術の第一人者とみなされるようになっていた。

こうした実績も1949年にはまったく役に立たなかった。共産党が中国の実権を握ったので、銭はアメリカ人に共産主義支持者との嫌疑をかけられ逮捕されたのだ。彼はセキュリティ・クリアランス［政府の機密情報にアクセスする権利］を剝奪（はくだつ）され、自宅に軟禁された。その後の中国帰国の出願はアメリカ当局に却下された。知りすぎた男だったからだ。1955年、ようやく帰国が許されると、彼は記者たちにアメリカには二度と足を踏み入れないと告げた。そして約束を守った。アメリカの損失が、中国の利益になったわけだ。

20世紀半ば、共産主義者は中国支配を強固なものにする一方で、アメリカとソ連が宇宙開発競争に数十億ドルつぎこむのを目の当たりにした。勝利の美酒に酔う権利よりも中国が関心を持ったのは、技術革新だ。ロケットが大型化し遠方へ到達するようになるにつれて、北京はそれが軍事配備されて自国に向けて使われるのではないかと警戒するようになった。そのため銭学森は、中国独自の核爆弾と「東風」弾道ミサイルを開発するために同時代の科学者の育成に着手した。

1956年、「友好的援助」の精神で、ソ連は銭学森にR1ロケットの青写真を提供し、中国の弾道ミサイル計画を速やかに始動させるために専門家を北京に派遣した。実験場がゴビ砂漠に造られ、数十人の中国人学生が訓練のためにモスクワへ送られた。

中国はもっと現代的なロケットを手に入れたがった。しかし「友好的援助」には限界があり、ロシアは最新技術を他国へ渡すことには消極的だった。そこで中国人学生は機密文書のコピーという手段に訴え、指導者に知識や情報をせびった。

モスクワと北京の関係は、極東の国境紛争をはじめ、多岐にわたる問題が原因で悪化していた。どちらも共産主義世界の指導者を自称し、自国のマルクス・レーニン主義こそが共産主義の正統派だと主張した。毛沢東主席は、ソ連指導者ニキータ・フルシチョフは西欧の「資本主義の臆病な走狗」に対してまだまだ攻撃性が足りないとも感じていた。

1960年には両国の協力体制は解消された。しかし中国は手に入れた知識に基づいて「東風」級ミサイルを建造した。短距離、準中距離、中距離、そして最終的には大陸間を飛行可能で、地下施設や移動式発射台から打ち上げることができる。銭はこの急速に吸収された専門知識を利用して中国初の衛星打ち上げを監督し、中国の宇宙計画の基礎を築いた。

銭は中国の国民的英雄であり、彼に献呈された7万点の工芸品が収められた専門博物館もある。彼の物語は、思想信条へのあいまいな疑念に基づいて外部の科学知識を排斥(はいせき)することへの警告だ。元アメリカ海軍長官ダン・キンボールは、アメリカの銭に対する扱いは「この国始まって以来最大の愚行」と述べた。

1967年、毛沢東はタイコノートを宇宙へ送るよう命じ、最初の訓練候補者が選ばれた。しかしこのプログラムは中止された。中国が文化大革命の渦に飲みこまれ、その間に多くの科学者が拘束されたり殺されたりしたためだ。たとえば、中国の衛星計画責任者、趙九章(ちょうきゅうしょう)は「反革命派」と糾弾され、紅衛兵に暴行を受けた。彼は北京の太平湖で入水自殺したと考えられている[服毒自殺との説もある]。

こうした挫折はあったものの、中国初の人工衛星は1970年4月24日に周回軌道に乗り、地球を28日間で1周した。中国はこうして、ソ連、アメリカ、フランス、日本に続いて世界で5番目の人工衛星の打ち上げ国になった。衛星内の5つのバッテリーは、わたしたち全員がその歌詞を楽しめるように、毛沢東を称える「東方紅(とうほうこう)」の歌を地上に配信するために使われた(歌は30秒ごとに繰り返された)。「東方が紅くなり、太陽が昇った。中国に毛沢東が生まれた!」。現在中国では4月24日が「中国宇宙の日」とされている。

そこから宇宙計画は迅速に進んだ。1980年代半ばまで、中国は人工衛星を定期的に打ち上げ、他国にもサービスを提供した。

最初の数十年間、中国の宇宙計画はおもに軍事的野心の達成に関係していた。もちろん衛星は気象観測にも使われたし、中国が工業化され始めるにつれて、どこに道路や鉄道を敷くかを決めるためにも使われた。ところが今世紀、共産党は世界における中国の立場を——つまり、傑出した大国になる可能性を秘めた軍事的、技術的、経済的リーダー国のひとつだということを、あらゆる人に理解してもらうために、衛星が使えることを理解した。

2007年、中国が自国の気象衛星をKKVを使って故意に破壊したとき、他の国々はその後のデブリにぞっとしたが、中国が弾丸で弾丸を撃つのに成功したのも同然なことに感服し、同時に警戒した。時速約2万9000キロで飛行し、衝突までわずか1秒しかなかったKKVは、電光石火で3回の軌道修正を行って長さ2メートルの衛星にまともに当たったのだ。

中国は、これは宇宙における軍拡競争の一環ではない、なぜなら中国は今後そのような事態に決してかかわらないからだと述べた。もしその通りなら、北京は地上から宇宙の敵を狙って撃墜するための指向性エネルギー兵器の研究を急いでいるという申し立ては、事実無根ということだ。さらに、中国の人里離れた場所に、空が見えるように大きく開くスライド式の屋根や標的を定めるために配置されたらしいドームを備えた巨大な建物が並んでいるのは、おそらく熱心な天文学者のためだけに用意された設備なのだろう。

２０２２年初頭、北京は宇宙計画にかんする「全体像」を公表した。それは習近平主席の言葉から始まる。「広大な宇宙を探検し、宇宙産業を開発し、中国を宇宙大国へ発展させることは、わたしたちの永遠の夢である」。文書は全体を通して、宇宙産業が中国の成長や「世界的コンセンサス、宇宙空間の探査と利用にかんする共通の努力、そして人類の進化」にいかに貢献するかを語っている。文書は延々と続き、中国のこれまでの実績が声明にまぎれて列挙されている。次世代の有人宇宙船計画や、人類の月面着陸、月面国際研究所、小惑星調査や深宇宙探査の計画も盛り込まれている。「木星系その他の調査」にかんする項目もあり、それには興味をそそられるが、「その他」の部分は中国語からの翻訳でわかりにくくなってしまったのかもしれない。

このミッションのヴィジョンは、「宇宙に自由にアクセスし、宇宙を効率よく使い、効果的に管理する」ことだ。「自由なアクセス」と「効果的な管理」の部分はアメリカへの、そして宇宙における中国の地位を認めない者への威嚇射撃だ。２０１９年、月面探査計画の責任者、葉培建はこう述べた。「いま月へ行く能力があるのに行かなかったら、わたしたちは子孫に責められるだろう。他国が月へ行けば、彼らが幅を利かせ、行きたいと望んでも行けなくなるだろう。理由はこれだけで充分だ」

この文書は、「宇宙関連事項の管理」は国連が中心的役割を担うべきと明白に求めている。

郵便はがき

料金受取人払郵便

新宿局承認

3556

差出有効期間
2025年9月
30日まで

切手をはら
ずにお出し
下さい

160-8791

343

東京都新宿区
新宿一－二五－一三
（受取人）

株式会社 原書房
読者係 行

1608791343 7

図書注文書（当社刊行物のご注文にご利用下さい）

書名	本体価格	申込数

お名前　　　　注文日　　年　　月

ご連絡先電話番号（必ずご記入ください）
□自宅　（　　）
□勤務先　（　　）

ご指定書店（地区　　）（お買つけの書店名をご記入下さい）

書店名　　書店（　　店）

帳合

7400

宇宙地政学と覇権戦争

愛読者カード　**ティム・マーシャル 著**

より良い出版の参考のために、以下のアンケートにご協力をお願いします。＊但し、今後あなたの個人情報(住所・氏名・電話・メールなど)を使って、原書房のご案内などを送って欲しくないという方は、右の□に×印を付けてください。　□

フリガナ
お名前　男・女（　　歳）

ご住所　〒　－

市　町
郡　村
TEL　（　　）
e-mail　@

ご職業　1 会社員　2 自営業　3 公務員　4 教育関係
5 学生　6 主婦　7 その他（　　）

お買い求めのポイント
1 テーマに興味があった　2 内容がおもしろそうだった
3 タイトル　4 表紙デザイン　5 著者　6 帯の文句
7 広告を見て（新聞名・雑誌名　　）
8 書評を読んで（新聞名・雑誌名　　）
9 その他（　　）

お好きな本のジャンル
1 ミステリー・エンターテインメント
2 その他の小説・エッセイ　3 ノンフィクション
4 人文・歴史　その他（5 天声人語　6 軍事　7　　）

ご購読新聞雑誌

本書への感想、また読んでみたい作家、テーマなどございましたらお聞かせください。

２０１６年以降、中国がパキスタン、サウジアラビア、アルゼンチン、南アフリカ、タイをはじめとする19の国や地域、そして４つの国際機関と宇宙協定や覚書を交わしてきたことも指摘する。さらに、欧州宇宙機関、スウェーデン、ドイツ、オランダとの協力関係も強調している。中国がさまざまな国のために人工衛星を打ち上げ、ラオスやミャンマー等の開発途上国に設備を解放しているという誇示も忘れていない。

これはすべて、アメリカへの抵抗だ。中国は、アメリカが宇宙を独占統治するつもりだと考えているのだ。長年にわたり、アメリカとの協力関係を築く努力はなされてきた。１９８４年初頭には、レーガン大統領がアメリカのスペースシャトルにタイコノート用のシートを用意した。１９８６年には、中国人科学者の一団がヒューストンの有人宇宙船センター（現ジョンソン宇宙センター）を訪問する予定だった。だが同年１月にスペースシャトル・チャレンジャー号が打ち上げ73秒後に爆発し、乗組員７人全員が死亡したため訪問予定はキャンセルされ、「ゲスト計画」は無期限延期となった。

現在中国は、アメリカ連邦議会が２０１１年のウルフ修正条項に則りＮＡＳＡと中国の協力体制を制限して以来、アルテミス合意から締め出されている。それを発案した当時共和党下院議員だったフランク・ウルフの理由付けは、宇宙探査や技術革新と中国の軍隊のあいだの関係を鑑みるに、アメリカはライバルとして成長中の国と手を組むリスクは冒せないというものだ。具体的な懸念は、ＮＡＳＡのコンピュータと米中共同研究からの知的財産の窃盗の可能性だった。それを北京は弾道ミサイルを含む軍事機密技術へ転用していた。

中国のハッカーは、アメリカ国防総省(ペンタゴン)、国防長官のオフィス、海軍大学校、核兵器研究所、そしてホワイトハウスのコンピュータシステムに一時的に侵入したことで知られている。もっと古めかしいスパイ活動も明らかになっている。たとえば2008年、ヴァージニア州在住のアメリカの物理学者、舒全勝(じょぜんしょう)は、アメリカ製ロケットの液体水素タンクの情報を北京へもらしたとして有罪判決を言い渡された。2010年には、ボーイング社の元エンジニア、鍾東凡(しょうとうぼん)が中国に30万ページ以上の機密情報を提供し有罪判決を受けた。そこにはアメリカのスペースシャトルのデータも含まれていた。

中国は締めだしに対して、国際宇宙ステーションの対抗施設を建造したり、多くの国と重要な科学的協力関係を結んだり、少なくとも外見上はアメリカに匹敵する最先端の国内宇宙産業を形成したりすることで応じてきた。これをアメリカからの情報提供や監督なしに達成してきたのである。

見事なものだ。2003年に中国人が初めて宇宙に行ったことを考えると迅速でもある。その宇宙飛行士は、38歳の空軍パイロット、楊利偉(ようりい)少将だ。彼が乗った宇宙船は、中国が開発したロケットのひとつ、長征2号Fによって軌道に投入された。楊利偉は21時間の飛行中に40回地球を周回した——こうして中国は3番目に有人宇宙飛行を成功させた国になった。チャイナデイリー紙は「天空への大躍進」と表現した。

偉業は続く。2012年には、中国人女性が初めて宇宙へ飛びたった――戦闘機パイロット、劉洋少佐である。2014年、中国は新たな宇宙船基地を海南省の沿岸の街、文昌に完成させた。海上に打ち上げる必要があるさらに径の大きな長征ロケット用だ。2016年にはふたりのタイコノートが中国の宇宙ステーション、天宮2号に無事に宇宙船をドッキングさせ、そこで1か月間過ごした。

2019年、無人の嫦娥4号が世界で初めて月面の裏側の着陸に成功した。このミッションは、米中間の連携の可能性を示すもうひとつの例だ。NASAは着陸地点の情報提供に協力する許可を与えられ、のちに両国は協調活動での発見は国連を通じて国際研究機関と共有されるということで意見が一致した。もうひとつの注目に値する瞬間が訪れたのは2020年、最後の北斗用衛星が定位置につき、アメリカ所有のGPSシステムに対抗する中国の北斗衛星測位システムが完成したときだ。北斗は中国語でおおくま座、別名北斗七星を意味する。その後2021年には王亜平が中国人女性で初めて宇宙遊泳に成功した。

おそらくここ10年間でもっとも画期的な出来事は、火星を周回したのち着陸し、探査車を稼働させたことだろう。天問1号探査機は2021年2月に火星に到着し、3か月かけて最適な着陸地点を探した。5月14日、着陸船が軌道上の本船を離れソフトランディングに成功した。その後、祝融（火の神）と名づけられた探査車が作動し、火星の地質調査や水の探索、音声と映像の送信にとりかかった。こうして現在火星で活動中の探査車は3台になった。中国の祝融、それ以前のＮＡＳＡのミッションによるパーサヴィアランスおよびキュリオシティである。

中国はこうしたことすべてをおおいに誇りに思っており、共産党の神話にも織り混ぜられている。中国の長征（長距離の意味）ロケットの名前は、国民党に敗れた共産党紅軍が１９３４～35年にかけて行った有名な軍事撤退にちなむ。その際に紅軍は９０００キロ以上の悪路を移動したという。このおかげで毛沢東が党の実権を握り、反共産党勢力に打ち勝った。これは中国共産党の誕生神話のひとつで、偉業のための英雄的な犠牲の例としてしばしば持ちだされる。中国を偉大な宇宙大国へ押し進めるロケットにこの言葉を使うことは、非常に象徴的なのだ。

しかし、おもしろいことに、近年中国は共産主義の優位性を公に喧伝することを控え、かわりに歴史に根付いた集合記憶によるナショナリズムや神話の要素を利用している。これは宇宙計画や機材の名前に反映されている。たとえば、２００７年に打ち上げられた月を周回する無人探査機嫦娥1号は、中国の神話に登場する美しい女性の名前に由来する。彼女は夫から不老不死の秘薬を盗んで飲み、月へ昇って月の女神になった。嫦娥には「イートゥ」（「玉兎」）というペットのウサギがいた。それは現在月で暮らしながら、嫦娥が秘薬を切らさないように、すり鉢で不死の秘薬をすりつぶしているという。そのため、２０１３年に中国が嫦娥3号を月面に着陸させたとき、探査車を「イートゥ」と名づけたのもうなずける。

一方、天宮宇宙ステーションでは、宇宙船神舟でステーションまで飛行してきたタイコノートたちが「天の宮殿」に滞在できることを幸運の星に感謝する。天宮とは天帝の住居の名で、天帝とは中国神話で宇宙の実権を握る最高神だ。「太空人（タイコノート）」という言葉は、宇宙を意味する標準中国語「taikong」と、航海士を意味するギリシア語「naut」を組み合わせた合成語だ。タイコノートは中国の宇宙専門家、チェン・ランによって広く浸透した。彼は「Go Taikonauts!」というウェブサイトを運営している。中国の宇宙飛行士の公式名は「宇航員」、すなわち「宇宙の旅人」（悪い意味では「宇宙を旅する労働者」）である。

こういう名称は重要だ。宇宙はアメリカ人やヨーロッパ人だけの領域ではないことを世界に伝えているからだ。月の女神はアルテミスだけではない。嫦娥もいるのだ。

中国独自の宇宙計画には挫折もあった（ロシアやアメリカの計画と同様に）。1995年の悲劇はその一例だ。発射後にロケットが爆発し、少なくとも6人の関係者が地上で亡くなったのだ。詳細はいまだに不明である――中国が多くの意味で閉ざされた社会であることを思い起こさせる。1972年、ピューリッツァー賞を2度受賞したアメリカの歴史家バーバラ・タックマンは、中国訪問から帰国してこう記した。「言語の壁に加えて、世界でもっとも閉鎖的な社会のひとつを統（す）べる政府によって運営されている比較的極秘の計画について分析するつもりだ。中華人民共和国が急速な経済成長を遂げるために資本主義的生産様式を採用しているという事実は、ここが共産主義国家であり、共産党によって統治され、あらゆるレベルで秘密主義が政府の方針であるというもうひとつの事実をあいまいにするものではない」。中国は多くの点で変化したが、タックマンの言葉は当時もいまも当を得ている。

中国の宇宙計画を取り巻く秘密主義の遺産にもかかわらず、現在中国のロケット打ち上げ能力はすっかり確立しているというのが共通認識だ——しかも発展し続けている。中国国家航天局は、国全体にいくつものロケット打ち上げ場を所有している。もっとも古いものはゴビ砂漠の酒泉衛星発射センターで、そこから2003年に楊利偉が宇宙へ飛びたった。ゴビ砂漠には太原衛星発射センターもある。中国の気象衛星が打ち上げられる施設だが、大陸間弾道ミサイルの拠点でもある。四川省には西昌衛星発射センターが置かれ、南シナ海の海南島のさらに現代的な文昌衛星発射センターは現在タイコノートを中国の宇宙ステーションへ送るために、そして長期の無人ミッションで使われている。5番目の打ち上げ基地も、東部の港町、寧波市に完成しつつある。上海から車で2時間半ほどの距離だ。数年以内に、「速射式」打ち上げ方式で商業用ロケットを年間100機打ち上げることが見込まれている。寧波センターはフロリダ州ケープ・カナベラルのケネディ宇宙センターに似ている。どちらもロケットが陸地上空を飛ぶことを避けるために沿岸部にあり、大気圏を素早く突破できる最適な緯度上なのだ。管制作業はたいてい中国中央部の北京か西安で監督される。中国の地上追跡基地の世界的ネットワークも存在し、宇宙交通の管理や、中国の衛星や宇宙ステーションとの交信の支援をする。その拠点はナミビア、パキスタン、ケニア、スウェーデン、ベネズエラ、アルゼンチン等々さまざまな国だ。航天局は世界の海のあちらこちらに追跡用の艦隊も配置している。それは変わった外観で、甲板にずらりと並ぶレーザー機器の横に巨大なパラボラアンテナがにょきにょきそびえている。艦隊は海をめぐり空を見まわしながら、衛星やミサイルに目を凝らす。

寧波の新しい宇宙船基地は、民間打ち上げ企業がひしめく長江河口付近からわずか10キロ足らずだ。もうひとつの宇宙産業の中心地で大規模な港を持つ上海へのアクセスもよい。そのため寧波は、その他の主要打ち上げセンターとは違い、既存のサプライチェーンをつなげるには好立地で、いずれ間違いなく中心的役割を果たすことになるだろう。

地元当局者は、寧波が「中国の宇宙都市」としてその名をはせることを願っている。中国最大の自動車メーカー、ジーリー（吉利汽車）は、本社機能を寧波に置き、衛星設計や航空宇宙産業に重点的に投資している。2022年、ジーリーは西昌衛星発射センターを使って自社の衛星9基を地球低軌道に打ち上げた。自動運転車に正確なナビゲーションを提供するネットワークの第一段階だ。

これはすべて中国で成長する民間宇宙産業の一部だ。中国は民間資金にかんしてはアメリカに後れを取ったままだが、私企業は地球低軌道が混雑しすぎる前に衛星の設計、建造、打ち上げを急ごうと投資に熱心だ。中国共産党は2014年に民間投資を推奨し始めた。しかし、どの中国企業も国家とのつながりが大半の国よりも強い。現在中国には宇宙関連の民間企業が100以上あるが、多くは政府部門からの分離独立だ。たとえば、武漢宇宙産業基地に拠点を置くロケット製造企業エクスペースは、国有の中国航天科工集団の子会社だ。

他の企業は国からもっと距離を取っている。2019年に双曲線1号ロケットを打ち上げ、初めて軌道に乗せた中国の民間企業、アイスペースはその好例だ。しかし、2021年には2度の失敗が続いた。他の企業も深刻な失敗を体験している。これをなんとかするために、政府は以前は国家機密だった技術や知識を関連部門に移行することを徐々に承認しつつある。軍民融合という国家戦略の一環だ。これによって国家と民間企業、卓越した技術を誇る中国の一流研究大学が、アメリカ以上にあらたまった形で連携する。非常に競争の激しい市場では失敗が運命づけられた新規事業もあるが、同じように断言できるのは、中国全土で、そして世界で戦える強力なプレイヤーに成長する企業もなかにはあるということだ。

こうしたことすべてにおいて、中国は巨大で活力ある労働人口に助けられるだろう。この国は長期にわたる人口問題を抱えるだろうと言われている——2050年までに人口の3分の1が60歳以上になるかもしれない——しかしいまのところ、中国は莫大な数の科学者や技術者を輩出できている。北京航空学院だけで2万3000人の学生がいるのだ。今世紀に入って中国では資格を取る技術者の数が年々増えているが、一方アメリカでは減っている。

近い将来、北京は北斗衛星測位システムをさらに拡張し、さまざまな産業で使えるようにするつもりだ。1980年代半ば以降GPSがアメリカ経済を押し上げてきたのを目の当たりにしたからだ。アメリカの農場主はGPSを使って農地を最大限に利用できるよう計画し、デリバリーサービスは街中をより効率的に駆け抜け、金融機関は取引記録に時刻印を残し、船主は港へ向かう船団を追跡している。研究によると、GPSはアメリカ経済を1兆4000億ドル押しあげ、その成長の大半はここ10年間で起こっているそうだ。北斗衛星測位システムはすでに約3億3000万台の携帯電話と800万台の乗り物に信号を送っている。暗号化された軍事用システムは民間バージョンより正確で、パレスチナ解放軍をはじめとする他国の武装勢力の動きを監視するために使われるだろう。

中国は今後10年間で1000基の人工衛星の打ち上げも目論んでいる。いずれは、自国ではロケットを打ち上げられなかったり衛星を持てなかったりする途上国へサービスを提供するだろう。これは、中国がさまざまな国をアメリカから引き離そうとしているなかで、中国と相手国との絆を強める手段となるはずだ。科学的発見のために使われる人工衛星は、注目に値する成功を収める可能性が高い。そのなかには、中国初のX線天文衛星で、ブラックホールを観測し宇宙でもっとも強い磁場を発見した硬X線モジュレーション望遠鏡の偉業に匹敵するものもありそうだ。

ひょっとすると、中国製の宇宙飛行機（スペースプレーン）［打ち上げ設備を必要としない宇宙船］もすでに運用されているかもしれない。そうでなくても、いずれ建造するだろう。宇宙飛行機は翼があるロケットで、垂直に離陸し、地上800キロの宇宙まで自力で到達、移動して、飛行機のようにふたたび地上に戻り着陸する。アメリカは2010年以来1機所有してきた。それがX－37Bで、退役したスペースシャトルに似ているが、もっと小型で全長は9メートルだ。数えるほどのミッションでしか飛行していない。それがなんのミッションだったかは極秘だ。

中国の宇宙飛行機についてはもっとわからないことが多い。少なくとも1度は宇宙へ飛んでいるようだが、それすら確実ではない。公になっているのは、通過する小惑星に着陸して地下資源を採取したいという野望だ。そういう小惑星のなかには、幅数十キロで、21世紀のテクノロジーに必要な数十億ドルもの価値がある金属を含有するものもある。中国の多くのスタートアップ企業のひとつ、オリジン・スペース（起源太空）は、スペースデブリを破壊して確保する試作ロボットをすでに打ち上げており、今後は小惑星で採掘作業ができるようにそれをさらに改良するつもりだ。

火星へもうひとつ探査機を送ろうという意向もある。火星に到達するだけでも充分に難しいが、中国はアメリカや欧州宇宙機関と協力して、火星の土壌や岩のサンプルを採取して地球に持ち帰る計画に取り組んでいる。さらに、木星と土星にも探査機を送りたいと望んでいる。

しかしおそらく、政治的にもっとも重要な計画は、中国の一連の月面着陸だろう。

2021年、中国とロシアは、国際月面研究ステーション（ILRS）を両国で連携して建築するという覚書に署名した。彼らは3つの局面を想定している。まず、2026年までの3回の有人計画を含む調査、その後の月面着陸、そして「帰還」だ。中国側からの声明によると、両国は「月の南極側の科学的探査を実施し、そのエリアに月面探査ステーションを建造するための基本構造の確立を進める」と述べた。月の南極はずっと注目されていた。なぜなら水資源として有望な氷のクレーターがあるからだ。

中国が無人探査機を月の裏側に着陸させたとき、探査機は中国旗を月面に立て、基地として使うことを検討しているエリアの岩を調査し始めた。中国は早くも2028年には月に恒久的滞在地を確保したがっているとの報告もある。しかしこれは無謀に思える。2030年のほうが現実的で、それでさえ成功すればりっぱなものだ。

最初の構造物ができれば、採掘は容易になり、基地の拡張を可能にする資源を月で調達できるようになる――その要は水であり、そのための南極側なのだ。モスクワと北京は、2035年までに基地を全面オープンさせるつもりだと語る。アメリカ主導のアルテミス計画のスケジュールはもっとあいまいだ。

月面基地建設は、1969年の月面着陸と同じように、人々の心をとらえるだろう。そこからわきあがるのは、すばらしい技術とそれを最初に成し遂げた国の並々ならぬ決断への称賛だ。これはただ「旗を立てる」だけの話ではない。軍事的にも経済的にも優位に立つ「宇宙フロンティア」を手中に収めることなのだ。特典は存在が見込まれる月の資源と、ライバルに特定されにくい軍事衛星を展開するための重力場として月を利用する能力だ。

時代が進むにつれて、宇宙の「地政学」がらみの主張は増えていくだろう。中国はすでに独自の宇宙ステーションを運営する唯一の国として天宮3号を稼働させている。月面基地完成のときに予想される報道に比べると扱いは小さいが、宇宙地政学の見地では、唯一の自治独立のステーションの所有はかなり強い声明になる。天宮3号より知名度の高い国際宇宙ステーション（ISS）は、ヨーロッパ諸国、日本、ロシア、アメリカ、カナダが参加する「共同計画」で、19か国250人の宇宙飛行士が滞在してきた。しかし、天宮は中国一国の所有および運営で、2037年頃まで稼働すると予想されている。2011〜16年に建造された天宮1号と2号は、3号に向けたテスト版だった。3号はそれらのほぼ3倍の重量で、かなり大きい。設計副主任バイ・リンハウは、6か月間のミッションに臨む3人のタイコノートはまるで「別荘で暮らしている」かのように感じるだろうと語っている。たとえ別荘だとしても、天宮は近代的な設備がそろった夢の休暇の玄関口というより、怪しげな詐欺まがいのホテルに近いだろう。天宮3号のモジュールは3つしかなく、一方ISSのモジュールは16だ。それでも見通しは明るく、巡天（じゅんてん）宇宙望遠鏡が同じ軌道に投入されればさらに良くなるはずだ。巡天はハッブル宇宙望遠鏡とほぼ同じ大きさで、直径2メートルの主鏡を持つが、視野はハッブルの300倍、25億ピクセルのカメラを搭載すると言われている。天宮上のタイコノートは宇宙医学、生物工学、極小重力燃焼、流体物理学、3Dプリンティング、ロボット工学、指向性エネルギービーム、そして人工知能を研究している。天宮はたいていの場合約400キロ上空にあり、ISSと同じようにときおり裸眼でも観測できる。

ISSは遅くとも2031年までに運用が終了することが決まっている。その閉鎖と同時に、中国のために小さな窓が開くかもしれない。アルテミス計画には月ゲートウェイが含まれる――

それは月を周回する小規模な基地で、宇宙船や乗組員、着陸船、探査車が頻繁な飛行の合間に補給をするためのハブとして機能する（次章で詳述）。しかし、ゲートウェイ建造に深刻な遅れが多少でも生じれば、ゲストを受け入れられる場所は天宮のみになるだろう。そこでは中国流の歓待、協力の精神、そして……リーダーシップを見せつけられることになるはずだ。

北京は、世界中の宇宙飛行士を歓迎し、「宇宙の平和利用を誓う世界中のすべての国々と」協力したいと述べている。すでにさまざまな国から提出された49のリストから天宮上で実施する科学実験を選びだし、承認した。ノルウェー主導のプログラム「宇宙における癌研究」もそのひとつで、2025年から微小重力や宇宙放射線が腫瘍の増殖にどのような影響を与えるか研究が始まる予定だ。

中国とアメリカは、ハイテク科学とエンジニアリングにかんしては今後10年間の大半は互いに距離を置くことになりそうだ。このふたつの分野は、人間にとってもっとも厳しい環境である宇宙と地上の両方で人類が直面する難題に本気で対処するためには、きわめて重要だ。協力は可能だ。ウルフ修正条項をもっと影響の弱いものに置き換えることが助けになる。たとえそれが無理でも、条項はNASAに特化しているので、国防総省と国務省には二国間の相互利益の道を探る余地が残されている。

アメリカとソ連の緊張緩和（デタント）は、ソユーズとアポロの「宇宙での握手」に助けられた。冷戦終結に続くロシアとアメリカのISSでの協力が、より良い関係を築くためのかけ橋だったことは間違いない。月への回帰は新たなチャンスなのだ。

宇宙でのそのような変化をどちらかが可能にしたり望んだりするかどうかは、両国の地上での関係にかかっている。

第6章

アメリカ――バック・トゥ・ザ・フューチャー

「人はゴールに到達したら、後退するべきではない」

プルタルコス

月にはもう行ったのだから、目標は達成した――100万人がNASAのTシャツも買った。それなのになぜまた月へ戻るのか？

人類が最後に月面に着陸したのは半世紀以上前だ。1972年12月14日、ユージン・「ジーン」・サーナンが11人目として月面を歩いたのが最後だ。月へまた戻るかどうかという問題を、アメリカ人はずっと考えてきた。

この議論ではじつにさまざまな意見が見られる。宇宙探査にはとにかく費用がかかりすぎるとみなす人もいれば、人類はもっと現実的な問題に目を向けるべきだと考える人もいる。わたしたちが目指すべき星は火星であり、直接そこへ到達することが最優先だとの反論もある。だがいまのところ、月へ回帰しなければならないと主張する人々が議論に勝っている。いくつもの理由のひとつが、月は火星への中継地点(ステージングポスト)だからというものだ。つまり、10年後までに月へ回帰することを目指しているのだ。

中国ではそのようなことは議論にさえならないという点が重要だ。中国では、宇宙探査が国家の発展のために不可欠だということは周知の事実とみなされている。そこには、習近平主席の宣言に体現される明確な目標がある。つまり中国はあらゆる国に追いつき、追い抜き、2045年までに宇宙大国の先頭に立とうとしているのだ。

当然ながら、北京の共産党政治局は、世論調査や野党、予算の民主主義的監視といったものに邪魔だてされていらいらすることはない。そのため、中国の宇宙計画は安定している。アメリカはどうだろう？　中国と同じとはいかない。

宇宙はアメリカ市民の興味をかきたて続けている。しかし政策となると、選挙ではほとんど目立たず、予算計画は簡単に方向転換され停滞へ引き戻されかねない。宇宙計画は定期的に政治の気まぐれや経済的逆風と闘っているのだ。ときに流行になり、インスピレーションの源として使われることもあれば、出費のかさむ頭痛の種になることもある。

月面着陸成功後の時代はとくにそうだった。アメリカの技術は勝利を収め、宇宙開発競争にも勝った。そこで一般大衆の心は離れていった。そして予算も。アメリカの作家トム・ウルフの言葉が印象深い。月面着陸は「ニール・アームストロングにとっては小さな一歩だったが、人類にとっては偉大な飛躍、ＮＡＳＡにとっては急所への膝蹴りだった」

人類をこれから10年以内に月に送ると誓ったケネディ大統領の１９６２年のスピーチでは、１９６０年代初頭のアメリカの楽観主義と情熱が響き渡った。アメリカの宇宙計画にかんして言うと、これほど宇宙と地政学の関係をしっかり理解した例は他になかったが、ロナルド・レーガン政権はもう一歩のところまで近づいた。ケネディの美辞麗句はいかにもその時代を反映しており、当時は冷戦真っただ中だった。

有人月面着陸はすべてリチャード・ニクソンの在任中（１９６９～74年）だったが、彼はアポロ計画を前任者たちから引き継いだだけだった。ＮＡＳＡは１９８０年までに月面基地を建設し、１９８３年までに宇宙飛行士を火星に送るという野心的な計画を作成していた。しかしニクソンはそれらを白紙に戻し、スペースシャトル計画を支持し、１９８１年に運用を開始した。ニクソンは７日間のアポロ11号のミッションを「天地創造以来の史上もっともすばらしい週」と呼んだ。しかしその偉業からわずか数か月で、アメリカ人宇宙飛行士が月に戻り続ける必要性はないだろうと側近に語っていた。ニクソンはアポロ計画の費用と危険性を認識し、世間の興味が初めての月面着陸以降薄れていることにも気づいていたのだ。

こうして１９７２年、アポロ17号のハリソン・「ジャック」・シュミットとジーン・サーナンが月への最後の有人飛行を行った。サーナンは着陸船への最後の数歩で立ち止まってひざまずき、娘のトレイシーのイニシャルを――ＴＤＣと砂に書いた。それから短い言葉を残した。「わたしたちはふたたび月へ戻るだろう。全人類の平和と希望とともに」。ハッチは閉じ、彼の指が着陸船の始動ボタンの上に置かれ、そしてのちに回想するように、月からの最後の言葉が発された。

「オーケー、ジャック、こいつを出発させよう」

人類の科学と技術の頂点とも言えるプロジェクトにしては奇妙な終わり方だった。着陸船が母船にドッキングしたとき、乗組員はライブの会見中継に臨んだ。だがアメリカの主要ネットワークはあえて放送しなかった。

月は遠い過去になった。しかも高価な過去だった。NASAには1回使い捨てのロケットに替わるもっと費用のかからない代案と、ホワイトハウスを納得させられる計画が必要だった。再利用可能なスペースシャトルを造れば、アメリカは乗組員とペイロード［ロケットで打ち上げられる探査機や衛星、それに載せる機器等］を地球低軌道に低コストで送れるはずだった。実際乗組員とペイロードは宇宙へ送りこんだが、そもそもの見積もり予算をはるかに上回るコストがかかり、人命が犠牲になって初めてわかる技術的不具合もあった。

スペースシャトル計画最初の軌道飛行試験は1981年に行われ、その後30年間にわたって135のミッションを実施した。ミール宇宙ステーションとのドッキングや、ハッブル宇宙望遠鏡の軌道投入、ISS建造援助等、偉業は多い。しかしながら、1986年1月にチャレンジャー号の爆発事故が起き、計画にとって思いがけない災禍となった。レーガン大統領は追悼演説で乗組員に哀悼の意を表した。「未来は臆病者のものではない。未来は勇者のものだ。チャレンジャー号の乗組員はわたしたちを未来へ導こうとしていた。だからわたしたちは彼らのあとを追い続けるだろう」。ある調査によると、NASA職員は打ち上げ時の小さな欠陥ならシャトルは耐えられるだろうというあまりに多くの憶測を立てていたらしく、計画はほぼ3年間中断された。再開前に、打ち上げ過程で使われるロケットブースターにおびただしい設計変更が加えられた。

軍事面では、レーガンは宇宙空間と地上にミサイルとレーザー網を提供する「スター・ウォーズ計画」――戦略防衛構想――を支持したが、実現することはなかった。理由はレーザー開発の数多くの技術的問題と、ソ連との武器競争を引き起こしかねないという懸念を根拠とする政治的敵対勢力だ。とはいえ、このとき開発された技術のなかには現在のミサイル防御技術の道を開いたものもある。

ジョージ・H・W・ブッシュ大統領（在任1989～93年）は、月面と火星の基地建造を支持したが、開発の資金捻出について議会を説得することはできなかった。彼の後継者、ビル・クリントン（在任1993～2001年）は、経済成長の時代に政権を握っていた。ISSの建設は彼の2期目の任期半ば頃に始まったが、月やその先への話はほとんど出なかった。

潮目が変わったのは、ジョージ・H・Wの息子、ジョージ・W・ブッシュが大統領に就任したときだ（在任2001～09年）。2003年、第2のシャトル事故が起こった。コロンビア号が大気圏再突入の際に空中分解し、またしても乗組員7人全員が亡くなったのだ。最初の試験フライト以降、いまやシャトルは67回のフライトにつき1回の割合で死者を伴う事故を起こしていた。NASAはかつてシャトルは毎月打ち上げできると語っていたが、実際は3か月に1回飛ばすことに四苦八苦し、民間企業が衛星を軌道に投入する際にシャトル以外の選択肢を考えるほどコストもかかっている。翌年、ブッシュ大統領はスペースシャトル全機の引退と、2020年までに月探査を復活させる計画を明らかにした。

NASAはより現代的な有人宇宙飛行船、月着陸船、2機の新型ロケットを開発する資金を与えられた。当時のNASA長官、マイケル・グリフィンはその計画を「パワーアップしたアポロ計画」と呼んだ。しかしそうはならなかった。NASAが90億ドルを5年あまりで使うにつれて、計画の遅れと予算超過が生じたのだ。2009年、バラク・オバマ大統領が就任した。「それはやったことがあるからもういいや」という視点が強い人だ。彼の最初の大統領令のひとつは宇宙予算の削減だった。そのかわり、アメリカは異なる目標——小惑星——を目指し、それから火星へとりかかるべきだと彼は語った。だが特筆すべきことは起こらなかった。そこへあのドナルド・トランプが登場したのだ。

オバマ大統領はブッシュ大統領の計画を破棄していた。今度はトランプ大統領がオバマの計画を破棄した。小惑星は消え、月の流行が戻ったのだ。トランプはオバマ政権の実績の大半を必死に覆そうとしていたようだが、それだけではない。宇宙旅行はより安価になり始め、技術は進歩し、月には水や貴金属があるかもしれず、中国はさらに大きな飛躍を遂げるつもりらしいのだから。

トランプが2017年に宣言したアルテミス計画は、この10年で月へ男性と女性を送り、2030年代に月面基地を建設し、最終的に火星を目指すとしている。アメリカの納税者はこの計画のために930億ドルを払うことになる。

バイデン大統領はその計画を継承し、副大統領カマラ・ハリスにプログラムを監督させた。計画は目標達成を約束し、政府は予算達成を約束しているが、バイデンがそれをかなり無視してアメリカの宇宙政策の軍事的、商業的側面のほうに焦点を当てたことは示唆に富む。

これは一般大衆の優先順位とほぼ一致している。1969年、宇宙政策の利益は経済コストに見合うと感じるアメリカ国民は53パーセントだったが、1970年代半ばには40パーセントになっていた。1980年代以降、この数字は50パーセント強で変化がない。2021年のモーニング・コンサルト社の調査では、NASAの予算が高すぎると考えているのは回答者のわずか24パーセントだった。同じ調査で、政府の宇宙事業に対する優先順位についてたずねた。するとじつに63パーセントの人々が、いちばんの問題は気候変動対策であると考えていた一方で、62パーセントは地球に衝突する恐れのある小惑星の監視を優先すべき重要課題と考えていた。しかし、月や火星に宇宙飛行士を送ることを重要視している人はわずか3分の1ほどだった。

これらの数字は大衆が考える優先順位を反映しているのであって、宇宙への関心の欠如を映しているわけではない。多くの国では宇宙旅行は国家が扱う問題と受け止められているが、アメリカは特殊な例だ。アメリカでは、民間企業が率先するべきだ、そのほうが宇宙旅行というとてつもないチャレンジを続けるための態勢も設備もよりよく整えられるという意見が噴出しそうなのだ。こういう意見の影響は明らかだ。商業面で言うなら、アメリカの企業は抜きんでている。さまざまな業界が宇宙の前線で期待される採掘のコストと利益を天秤にかけ始めるにつれ、投資額は増え競争は激しくなっている。

とはいえ世論調査では、アメリカ人の大多数はアメリカの宇宙分野でのリーダーシップの「大きな脅威」は中国であるとみなし、アメリカ優位の継続を望んでいることも明らかになった。それにもかかわらず、月面基地の建造となると「宇宙競争に勝利する」ための緊迫感は冷戦時代のそれと同じではない。しかし宇宙の前線では、アメリカは中国やロシアからのいかなる挑戦も受けて立つ覚悟だ。

前章では中国政府の宇宙政策とその目標に触れた。アメリカの政策や目標も驚くほど似ている。これは良し悪しだ。良い点は、どちらも協力関係について語っていることだ――たとえば、2022年の宇宙開発優先順位フレームワーク報告書は、アメリカは「宇宙活動がいかに責任ある、平和な、持続可能な方法によって運営され得るかをアメリカが実証する」だろうと明言する。しかしそれはこうも述べている。「アメリカは宇宙活動のグローバルガバナンスの強化を率先して行うだろう」。中国やロシアに言わせると、そうはならない。

報告書はこのふたつの国を名指ししてはいないが、次の説が他の国に向けられたものだとは考えにくい。「競争国の軍事ドクトリンは、宇宙を現代戦争にとってきわめて重要とみなし、アメリカの軍事的影響力を弱め未来の戦争に勝つための手段として宇宙妨害行為の能力を使うことを視野に入れている」。そのため、「侵略行為を阻止するために（中略）アメリカはいっそう弾力的な国家安全保障宇宙態勢への移行を加速させるだろう」。

ここしばらく、国際社会の緊張は高まり続けている。２００７年の中国のＫＶ衛星衝突実験の直後、アメリカがミサイルを発射したので、中国はメッセージを送り返してきたのではないかと怪しんだ。しかし、アメリカが極秘スパイ衛星のひとつを自ら破壊したのは、中国の行動に対する反応ではなかったというのも同じくらい納得のいく話だ。

２００８年2月20日、アメリカ東部標準時の午後10時26分、ミサイル巡洋艦〈レイク・エリー〉から発射されたミサイルが宇宙へ向けて飛び立った。その4分後、ＵＳＡ‐１９３衛星に高度24万１０００キロで衝突した――地球よりも月に近い高度だ。破壊された衛星は運用期限切れどころか最先端の機器で、最高機密の最新スパイウェアのかたまりだった。だがその前年に軌道に投入された直後、アメリカは衛星を制御できなくなったのだ。大きさは普通のバスほどだ。万が一地上に落下した場合デブリによるリスクは低かったが、チタン製の燃料タンクには非常に毒性が強く融点も高いヒドラジン燃料がまだ４５０キロほども残っていた。ＮＡＳＡはジョージ・Ｗ・ブッシュ大統領に概要を伝え、制御不能の衛星が大気圏に再突入した場合に予想される死傷者数は、過去のこうした事故のなかでも最悪の数になると説明した。大統領はバーンフロスト作戦で衛星を打ち落とすことを承認した。

アメリカ海軍にとって、〈レイク・エリー〉のイージス弾道ミサイル防衛システムが数年間の試用期間で実績を残したスピードよりも速く、より高い高度を移動中の標的を攻撃することは難題だった。これはリハーサルではないのだ。アメリカにとって未知の領域だった。巡洋艦のシステムは衛星の燃料タンクを狙っていた。かすめるだけでは不充分だろう。接近速度は衝突直前に時速3万5000キロ以上に達し、その後強烈な閃光と爆音とともに燃料が爆発した。デブリが四散したが、前年に中国のKKVが発生させたデブリよりはるかに少なかった。

北京とモスクワは、バーンフロスト作戦はアメリカが冷戦時代に行った宇宙での軍事活動の延長線上にあるとみなした。アメリカはこの作戦を現代のASAT競争に参戦するために計画したのではなかったかもしれないが、結果的にはそうなった。それ以来、アメリカ軍の宇宙での能力は年々向上している。

2019年、アメリカ政府は宇宙軍を発足させた。アメリカ合衆国6種の軍のなかでもっとも新しく結成された部門だ（陸軍、海軍、海兵隊、沿岸警備隊、空軍）。大将は、他の軍幹部とともに統合参謀本部のメンバーを務める。宇宙軍はミサイル発射を特定できるGPS衛星の責任を負い、敵の衛星の通信を妨害できる地上ジャマー機器を所有する。さらに、デブリの追跡も行う。

その予算は――年間約260億ドル――近代戦における宇宙の中心的役割が認識されるにつれておそらく増えるだろう。現在は軍隊のなかでもっとも小規模で、ペンタゴンの本部、コロラド州シャイアン・マウンテン空軍基地、そしてロサンゼルス空軍基地といったアメリカ各地の施設で働いているのはわずか1万6000人だ。若い部門なので、組織化された強い文化は存在しないが、逆に言えば、「スタートアップ事業」として斬新なアイデアが追い風になる。余談だが、ロゴのデザインはもっとよく考えた方がよかったかもしれない。見るからに「スター・トレック」の宇宙艦隊司令部のエンブレムにそっくりなので、ジョージ・タケイ（「ヒカル・スールー」を演じた俳優――年配読者のために補足しておこう）はこうコメントせずにはいられなかった。「わたしたちはデザイン使用料が入ることを期待しているよ」。良い点は、標語にすばらしい頭韻法を使ったことだ。ラテン語で「Semper Supra」、「つねに高みへ（Always Above）」という意味だ。

宇宙軍は発足以来、つねにその役割が議論されてきた。宇宙軍が結成されたとき、宇宙が「武装化される」と述べる批評家もいたが、宇宙は人類が大気圏を初めて突破した瞬間からずっと武装化されてきたという点を見落としている。宇宙軍は、アメリカ空軍内ですでに同じ業務を行っていた部隊から作られ、先に触れたように、ソ連もアメリカも冷戦中は互いを偵察するために衛星を使っていた。「宇宙は戦闘領域である」というマントラは攻撃的と言われるかもしれないが、これはまぎれもない事実なのだ。

実際問題として、宇宙軍ははるか深宇宙で武力行使する責任を負うべきなのだろうか、あるいはスパイ活動やミサイル警告、通信や測位、ナビゲーションを通じて伝統的な戦闘を支援するべきなのだろうか？　目下のところ、後者のアプローチが優勢のようだ。その名称からは、アメリカの宇宙船が月面で敵の燃料庫にレーザー攻撃をしている場面が目に浮かぶが、軍内部の不可避の縄張り争いにはより規模の大きい部門が勝利し、そこが宇宙戦争のあからさまに攻撃的な側面を監督し続けることになるだろう。

軍事的観点に立つと、アメリカは明らかに中国に差をつけている――いまのところは。2021年、アメリカ宇宙軍のデヴィッド・D・トンプソン大将はこう警告した。「本質的に、総じて彼らはわれわれの2倍のペースで宇宙能力を蓄積し、処理し、アップデートしている。この事実が意味するのは、もしわれわれが開発能力や運搬能力を加速し始めなければ、もう間もなく、彼らはわれわれを上回るということだ」。彼が想定した期限は2030年だった。トンプソン大将の予想は正しかったと判明するかもしれないが、しかしアメリカの能力に近づくだけでも中国には長い道のりが残されている。中国軍の宇宙活動の予算は不透明だが、アメリカの予算よりかなり低いことはほぼ間違いない。2023年初頭の時点で、軌道上で稼働中の人工衛星はおよそ4900基だった。そのうちほぼ3000基がアメリカの衛星で、中国のものは500基だ。

ワシントンは、弾道ミサイルや極超音速ミサイル由来の赤外線の痕跡を探知するセンサーを搭載した早期警戒衛星に重点的に投資している。衛星はデータを地上の軍司令部に安全に送信する。これらはアメリカが地球低軌道に築いている衛星のミサイル防衛システム「トラッキングレイヤー」の一部だ。2028年までに、高速移動ミサイルを防御する盾として衛星100基を稼働させたい考えだ。

資金はレーザー兵器の開発にも使われており、最終的には宇宙に配備されるだろう。アメリカ海軍は2014年以降さまざまなレーザー兵器システムを所有してきたが、2022年に高速巡航ミサイルを撃墜するために全電気式高エネルギーレーザー兵器を成功裏に使ったときに、その能力が向上していることが示された。目には見えないエネルギービームがミサイルに誘導されると、わずか数秒後にミサイルのあちこちがオレンジ色に輝き始め、煙がエンジンからどっと吹きだし、真っ逆さまに落下した。ひとたびシステムが確立してしまえば、実際の「決定打」はわずか数ドルの電気代ですむ。これに対して誘導ミサイルは、1基で数万、あるいは数十万ドルのコストがかかる。知られている限りでは、レーザー兵器は地上にしか配備されていないが、宇宙開発国が人工衛星に搭載したら、他国もそれに倣うはずだ。

「半ば公然の秘密」である再利用型宇宙船は、ひとつの成長分野になるだろう。宇宙軍が管理する無人宇宙船X－37Bは、6回目と思われるミッションで2年以上宇宙に滞在した。それほど長期間何をしていたかについては大半が機密扱いで、「信頼できる、再利用可能な、無人宇宙船の試験プラットフォーム用の技術を実証するための実験的試験プログラム」であるという宇宙軍の退屈な声明では、あれは武器だという中国やロシアの主張をなだめられそうもない。作戦のある時点で、ロシアの軍需会社の代表が、その宇宙船は3つの核爆弾を運んでおり、軌道上からモスクワに投下できると断言した。

物理的にも軍事戦略的にも矛盾するその主張は、怪しくもありばかばかしくもある。X-37Bはロシアを偵察するために使われていたという主張のほうが無理がないが、そうだとしても、宇宙船にできて衛星にできないことを見極めるのは難しい。X-37Bには軍事的側面があるかもしれないが、そこに核兵器を隠して爆発させるために数千ガロンのロケット燃料を消費することはあり得ないだろう。その宇宙船が何をするのかわたしにはわからない。だが1機ほしいとは思う。

宇宙軍で起こっていることが何であれ――彼らは高みを目指している。2020年、ある文書がそのミッションの地理学上の範囲を規定した。ただし、限界はないとほのめかす言い回しになっている。それによると、「現在まで、そのミッションの範囲は地球近傍から、おおよそ静止軌道までの範囲（約3万6000キロ）だった。新たなアメリカの官民業務がシスルナ領域へ拡張するに伴い、アメリカ宇宙軍の関心領域も約44万キロ以上に拡大するだろう――10倍以上の伸びだ」。その「約44万キロ以上」の先には無限の領域が広がっている。

この文書は明らかに、かつて宇宙はNASAの領域だったが、現在は軍の領域でもあることを示している。そこで競争が起こったら、宇宙軍が出向くだろう。だがその範囲は無限に広い。地球低軌道上の衛星を監視するだけでも容易ではないが、いまや主要プレイヤーたちはそこと月のあいだのライバルの動きも見極めようとするだろう。

このふたつは戦略的につながっている。地球低軌道の一国による総支配は、理論的にはシスルナ領域への他国の飛行を阻止するために利用され得る。そして、とてつもない距離が関係するので、地上のレーダーや望遠鏡はそこを往来するすべての飛行体を監視することはできない。さしあたり、レーダーや望遠鏡はおもに地球低軌道上の物体を追跡している。また、月の反対側からラグランジュ点2の範囲は直接見ることができない。そこでは中国の衛星が月の反対側を、つまり中国が基地を建設しようとしている場所を常時監視している。

軍事衛星を数十万キロも上空に配備するなら、初めて達成した者が有利になるだろう。それは監視衛星かもしれないが、ライバル国は武器が搭載されているのではないか、衛星やことによると宇宙船まで撃ち「落とす」ことができるのではないかと憂慮するだろう。月面基地を建設しても、ライバルに邪魔をされてたどりつけなかったり戻ってこられなかったりするようでは意味がない。

宇宙軍は野心的で、シスルナ・ハイウェイ・パトロール・システムを確立すると述べている。その略語「ＣＨＰＳ（Cislunar Highway Patrol System）」は、大人気を博したがかなり安っぽかった１９７０年代の白バイ警官テレビシリーズ「ＣＨｉＰｓ」［邦題「白バイ野郎ジョン&パンチ」］を彷彿とさせるかもしれないが、宇宙軍にとって幸いなことに、ほとんどの人は覚えていないだろう。ＣＨＰＳには「渋滞のはるか彼方」をパトロールする宇宙船が関与し、「月とその先の空間の重要な国防」を務めるはずである。このような「天空の警官」は広範囲の責任を負うことになりそうだ。「大量の貴金属の積み荷？　わたしたちがエスコートしましょう、マダム」「危険な操縦ですね。ちょっと脇に停めてください、サー」「コントロールを失った衛星が猛スピードで飛んでいる？　ハザードランプを点けたほうがいいですね」という具合に。

理論上は、このような権限は月にはおよばない。宇宙条約にはこう謳(うた)われているからだ。「天体における軍事基地、武器、要塞の設置、いかなる種類の兵器のテスト、軍事作戦の実施は禁ずる」。しかし、条約は「軍人を科学研究や平和目的のために使うこと」は許可し、「月の平和的探査に必要な道具や施設」の利用も許している。そこからすぐに、月で科学実験を担当しているNASA内部の軍当局者が、現在の状況が「○○」（危機的な年の状況を自由に思い浮かべてほしい）のようになっているので身を守るための道具がほしいと要求したらどうするかという議論が生まれる。

宇宙国家のビッグ・スリーが月面軍事基地建設の実現可能性を調査していないとは考えにくい。結局のところ、冷戦の期間中にソ連もアメリカもその可能性を探っていた。機密解除されたアメリカ側のある「秘密」文書では、月面の地球爆撃システムを構えるための地下軍事基地の建設が議論されていた。現在のビッグ・スリーの戦略にはそのような計画があるようには見えないが、いずれかの国が水やヘリウム、チタンといった資源が豊富な月で戦略的に重要な立場を固め始めたら、そして他国に月からの撤退を要請したら、軍事的対立が起こりそうだ。厳密に定義された協定と信頼醸成措置が至急必要なのだ。それがなければ、わたしたちにとっての理想の月は、新世代のアストロノート、コスモノート、タイコノートの足元で月のちりと化すだろう。

ＮＡＳＡは――背後の宇宙軍とともに――現在月へ戻ろうとしている。アメリカの軍事と民間の宇宙活動には交差する部分があるが、どちらもその大半を分離しようとしている。しかし宇宙飛行士のこととなると、適性のある候補者グループは限られている。そのため伝統的に宇宙飛行士の大半は軍関係者で男性だった。しかし、月面回帰のアルテミス計画のために２０２０年に選ばれた宇宙飛行士のチームには、候補者の経歴を多様化しようというＮＡＳＡの努力が反映されていた。18人の候補者のうち、現役の軍人は10人のみで、９人は女性、４人は非白人だった。つまり、月面を歩く初めての女性と初めての非白人はアメリカ人にしようという意図だ。

最後に人類が月面を歩いたときとの違いは、肌の色と性別だけではない。計算能力もかなり違う。アームストロングが初めて、そしてサーナンが最後に、月面に降り立ったとき、彼らをそこへ到達させたコンピュータは、現在使われているスマートフォンの数百万分の一の性能だった。しかし最大の違いはおそらく、今回人類は月に滞在することになるという点だ。

宇宙飛行士たちは月までの大半の行程を、スペース・ローンチ・システム（ＳＬＳ）――ＮＡＳＡがかつて造ったなかでもっともパワフルなロケット――上の宇宙船オリオンで過ごすだろう。ＳＬＳはスペースＸのスターシップと競争関係にある。ＮＡＳＡはその巨大な赤ん坊をあきらめたがらないだろうが、ライバルは再利用可能で、つまりはより安価な設計だ。計画では、月ゲートウェイ宇宙ステーションを月の付近に建造し、それを宇宙船オリオンのドッキングステーションとして使う予定だ。ゲートウェイはＮＡＳＡ、欧州宇宙機関、日本とカナダの宇宙機構の合同事業だ。そのモジュールは複数のミッションによってスペースXのファルコンヘビー・ロケットで運ばれるだろう。宇宙飛行士は、ゲートウェイから有人月着陸システムの船に乗り、月面までの旅に向かう。帰路はこの行程を逆にたどる。

ゲートウェイはこの計画の要だ。それは月の周囲を長楕円軌道で周回する。つまり、月面に比較的近づいているときは着陸ミッションが容易になり、軌道上の特定の点では地球に近づくので、地球から来る宇宙飛行士や補給物資を迎えやすくなる。もしこの方法がうまくいけば、人を火星へ送る計画でも採用されるかもしれない。その狙いは、地球への依存を減らすことだ。

ゲートウェイには居住・物流モジュール（HALO）が設置される。そこでは宇宙飛行士が月への訪問の合間に最長90日間滞在し、科学実験を実施できる。HALOは地球と月間の通信中継地点としても、月面探査車の制御地点としても使われる予定だ。

HALO上でのもっとも重要な実験のひとつは、放射線レベルの測定になるだろう。宇宙飛行士がひとたび地球の磁場から離れたら、発癌のリスクを高め中枢神経系を傷つける恐れのある高エネルギー荷電粒子にさらされる。ISSは地球低軌道上にあるので、そこで働く宇宙飛行士が影響を受ける放射線の量は軽減される。しかしゲートウェイはもっと高レベルの放射線に直面するだろう。それは内部で暮らす人々を守るように建造されることになるだろうが、それでも長期にわたる厳密な放射線測定と人体に起こり得る影響を考えなければならない。

2030年までに、ゲートウェイは完成しているはずだ。試運転が完了し、最初の宇宙飛行士たちが月へ送られるだろう。アルテミス計画のスケジュールは数回ずれこんだが、２０２２年末に行われた無人宇宙船アルテミス1号の打ち上げミッションの成功は、重量物運搬用のＳＬＳロケットの最初のテストが大成功だったことを意味した。それによって運ばれた宇宙船オリオンは月の向こう側6万４０００キロを飛行し、有人飛行用に設計された宇宙船の飛行距離記録を更新した。同年、どこにゲートウェイを作るべきか判断するために、電子レンジほどの大きさのＮＡＳＡのキャップストーン探査機が月の楕円軌道に到達した。

月の着陸地点が選ばれるのはこれからだが、南極点付近になると予想されている。アポロの宇宙飛行士たちは両極には近づいていないので、これが初めてのことになる。科学者はアルテミス計画の拠点に最適な場所をいまだに調査中だ。そこは最初のうちは宇宙飛行士が数日滞在するだけだろうが、最終的には居住空間や放射線シールド、通信システム、電力インフラ、輸送手段、着陸船離発着場を備えた完全な月面拠点としてフル稼働するはずだ。

宇宙飛行士が月面で必要とする時間の長さと、日向（ひなた）領域と影領域の激しい温度差を考慮して、ＮＡＳＡは民間企業と手を組んで新世代の宇宙服や探査車、カメラの開発に取り組んできた。アメリカ初の宇宙服は、航空機の高高度飛行服を改良したものだった。次世代が前世代に改良を加え続け、最新のモデルはＩＳＳ外の宇宙遊泳に広く使われているモデルよりかなり優れている。ＮＡＳＡはそれを船外活動用宇宙服（Exploration Extravehicular Mobility Units）、略してxＥＭＵｓと名づけたが、アルテミス宇宙服のほうがわかりやすかったかもしれない。

一見したところ、それはアポロ11号でバズ・オルドリンとニール・アームストロングが着た宇宙服モデルにそっくりだが、xEMUsには動きを妨げるものがまったくない。脚、腰、腕の動きが大幅に改善され、ウサギのようにぴょんぴょん飛び跳ねて進むのではなく地上と同じように月面を歩くことができるし、ヘルメットの上に物を掲げることもできる。過去の宇宙服は吐きだされた二酸化炭素を限界点まで吸収した。一方新型は、吸収した二酸化炭素をその後宇宙空間へ放出する。電子機器の小型化のおかげで、バックパックには二重の安全対策を取ることが可能になり、異常発生の際は警告音と光で知らせる。ヘルメットの通信装置は徹底的に見直され、HD（高解像度）カメラと音声起動型マイクが高速通信回線につながった……「NASA――サイモン&ガーファンクルの『早く家へ帰りたい』をかけてくれ」というリクエストもすぐにかなえられる。

最新の宇宙服は放射線耐性があり、マイナス150度～プラス120度の気温に適応し、緊急事でも6日間生命を維持できるように設計されている。NASAは「個人仕様の宇宙船」と呼ぶ。しかし、この21世紀の魔法のような技術にもかかわらず、われらが勇敢なる探検家は、いまだにオムツを着けている。

新型の月面探査車も一部の隙もなく設計されている。宇宙探査車（SEV）と呼ばれるそれは、20世紀の「ムーンバギー」とは似ても似つかない。新型モデルには宇宙飛行士がふたり乗れる与圧キャビンがあるので、宇宙服を着ずに時速10キロで長距離を移動し、目的地到着後に宇宙服を着て船外活動に出ることができる。

これらすべてに費用がかかる。かなりの費用だ。しかし冷戦にかかった費用に比べれば安いものだ。1960年代、NASAの年間支出額は連邦政府予算の4パーセントだった。現在はおよそ0・5パーセントだ。違いは、ソ連より先に月に到達することには支払った金額以上の意義があるとみなされた点だ。NASAは、ロケット発射技術を刷新しコストも減らした民間企業からサービスを買っているので、支出も減っている。

打ち上げロケットから月面探査車にいたるまで、アルテミス計画のすべての段階で、民間企業との共同研究がかかわっている。なかには宇宙探査の脇役であることに満足している企業もあるが、自らミッションに挑み、ゆくゆくは利益を生む事業を起こしたいと考える企業もある。

スペースXは、宇宙飛行士をゲートウェイから月へ運ぶことになる月面着陸モジュール建造の契約をNASAから獲得した。同社にはアメリカの宇宙飛行士をISSへ送った実績もある。2010年、スペースXは民間企業として初めて宇宙船を打ち上げ、操縦し、回収することに成功した。2年後には、ISSに到達する宇宙船を打ち上げた初めての私企業になった。2020年にはスターリンク衛星を打ち上げた。第4章で触れたように、スターリンクはブロードバンド・サービスを提供する最大の衛星コンステレーション［複数の衛星で一体的に運用するシステム］だ。その翌年には、専門家ではない宇宙飛行士を宇宙へ送った初めての企業になっている。スペースXのロケットは離陸後約10分で1段目が分離降下し、多くの場合は無事に着陸するので再利用が可能だ。同社はロケットの打ち上げコストをかなり削減し、スタートアップ企業でもボーイングのような大企業に太刀打ちできることを証明した。

イーロン・マスクには多くの計画がある。とてつもなく大きな計画が。ここまで見てきたように、その計画には宇宙飛行士を火星へ送りこむことも含まれる――それも間もなく。なぜ火星へ？　マスクによると、「未来に目を向けると悲しくなったり憂鬱になったりすることが多すぎる。しかし宇宙へ進出する文明になれば、未来を考えたときにわくわくできると思う」からだ。

彼に同意しない人は多い。著名な天体物理学者、マーティン・リースは、宇宙船が火星を目指すことには反対していないが、優先事項ではないという考えだ。彼はガーディアン紙に、マスクのアイデアは「危険な妄想だ。（中略）地球温暖化に対処することは火星を居住可能にすることに比べれば朝飯前だ」と語った。

ジェフ・ベゾスも反対の立場で、マスクとは異なる計画を立てている。アマゾンの元CEOにしてブルーオリジンの創設者は、街をいくつも作りたがっているが、場所はもっと地球に近い。ベゾスは、惑星は地上の膨張し続ける人口の最適な受け皿ではないと主張する。代案として目指すのは地球軌道を回る巨大なドーム型都市だ。あくまでも丸天井(ドーム)であって、破滅(ドゥーム)ではない。

もっと短期的に見ると、ベゾスはブルーオリジンが設計した着陸船を、月面基地が完成したあかつきにNASAが使ってくれることを願っている。同社はすでに旅行客を再利用型ニューシェパード・ロケットで宇宙へ運ぶビジネスを始めている。アメリカ初の宇宙飛行士、アラン・シェパードにちなんで名づけられたロケットだ。ベゾスは自ら宇宙飛行に臨んでいる。「スター・トレック」シリーズのジェームズ・T・カーク船長役で知られるウィリアム・シャトナーもニューシェパードに搭乗し、最高齢の90歳で宇宙飛行をした人物になった。地上に戻ると、彼は感極まったようすで涙を浮かべ、この旅は自分の「もっとも深遠な体験」だと語った。

ブルーオリジンの大型ロケット、ニューグレン（宇宙飛行士ジョン・グレンから命名）は、最大45トンの積み荷を顧客のために地球低軌道に送るように設計されている。ベゾスがそれ以上の計画を温めているのは明らかだ。というのも、あるときニューアームストロング・ロケットの構想をほのめかしていたからだ。もちろん、その名はニール・アームストロングにちなむ。

リチャード・ブランソンが創業したヴァージン・ギャラクティックは、ブルーオリジンより数日早く宇宙へ到達したが、ベゾスはそれを認めなかった。ブランソンのロケットは飛行機から打ち上げられ、彼を83キロ上空へ運んだ――NASAがおおまかに定めている大気圏と宇宙の境界線より上だ。しかしニューシェパードはカーマンライン上の高度100キロに到達した。それは国際航空連盟によって宇宙として認められている高度だ。したがって、どちらの企業の主張も正しい――どこに境界線を引くかによるのだ。

ヴァージン・ギャラクティックは周回軌道に乗らない宇宙旅行に専念している。飛行費用は1回につき約45万ドルで、顧客基盤は小さいが、申し分なく裕福な層だ。ブランソンの見立てが正しければ、億万長者は世界中に充分存在するので、同社は利益を生み、大衆市場向けに価格を抑える方向に動けるはずだ。楽観的な予想に思えるかもしれないが、ライト兄弟が初飛行に成功した1903年からわずか11年後の1914年には飛行機の定期便が初就航したし（フロリダで）、多くのアメリカ人が列車より飛行機で旅をするようになるまでそれからわずか40年だったのだ。

現在ヴァージン・ギャラクティックとブルーオリジンの宇宙旅行にはライバルがいる。シエラ・スペースだ。シエラ・スペースは打ち上げ場の新入りで、ドリームチェイサーという宇宙船を所有している。それは最初のうちはNASAの補給船として使われるだろうが、いずれは人々を夢のような休暇へ連れだしてくれるだろう――いや、気の持ちようによっては悪夢かもしれないが。

こうした企業は、わたしたちがすでに商業宇宙時代に入っていることを強調する。民間企業が建造し所有する乗り物で宇宙へ行くことは大きな変革だ。私企業はもはや衛星関連活動から利益を得ようとするだけではなく、その先の宇宙旅行や長距離輸送サービス、月や小惑星での採掘、無重力環境での3Dプリントによる生産を見据えている。

2010年、スタートアップ企業、メイド・イン・スペース社（MIS）がカリフォルニアでわずか2部屋から始動した。4年後、MISゼログラビティ・プリンターがISSへ運ばれた。そこで宇宙飛行士バリー・「バッチ」・ウィルモアがパッケージを開け、宇宙で初めて部品をプリント製造した。いやいや、部品ではなくそのプリンター用のただのロゴ入りプレートじゃないかと言われればそれまでだが、とにかく宇宙で初めてプリント製造されたものだったのだ。後日、ウィルモアは特殊なラチェットレンチが必要だと気がついた。そこで地上でＭＩＳが新たなコードを打ちこみ、それをＩＳＳに送信し、ウィルモアが３Ｄプリンターでレンチを問題なく製造した。ＭＩＳは現在ＮＡＳＡと７４００万ドルの契約を結び、３Ｄプリンターを使って宇宙空間で巨大な金属梁を製造することになっている。実物を宇宙へ運ぶよりずっと安上がりだ。

ＭＩＳは、５０００以上あるアメリカの宇宙関連企業のひとつにすぎない。それらは国の機関よりも革新的で、リスクもいとわない。民間企業の事業は宇宙旅行のコストを劇的に削減することに成功し、翻ってそれがＮＡＳＡが高い目標を掲げる手助けになっている。

ＮＡＳＡはつねに民間企業と手を組んできたが、過剰気味のスタートアップ企業とその野心がこの関係を別次元へ運んだ。ＮＡＳＡはいくつかの企業と契約を結び、彼らにお金を払って月の表層土（レゴリス）を集めてもらうことにしたのだ。料金はごくわずかだ――ある企業は契約獲得のためにわずか1ドルしか求めなかった――が、この契約は双方にとって利益がある。企業側は資源採取の訓練ができ、ＮＡＳＡは今後議論することになる月面での商業活動のビジネス規範と法規範を作ることができるのだ。

２０２２年後半、日本の企業ｉｓｐａｃｅ（アイスペース）が月着陸船をスペースＸのロケットに搭載して打ち上げた。月の南極で水氷を探査するためだ。ＮＡＳＡは発見されるものが何であれその「所有権」を主張しており、ふたたび月は誰のものかという問題が提起された。日本、アラブ首長国連邦、ルクセンブルクは自国の企業がそのような業務にかかわることを許可する法律を通したばかりで、アメリカも似たような法律を2015年にオバマ政権下で通している。いまのところ民間企業は自社で月面基地を持つといった急進的な計画は立てていないが、おそらくアメリカ、中国、ロシアの企業は国が建造する「自治独立の」基地をたくみに利用するだろう。

NASAは小規模なプロジェクトにも幅広く取り組んでいる。ロボットによる深宇宙探査用の太陽帆推進機や、レーザー通信システムはその例だが、やはり最大の関心はアルテミス計画、ゲートウェイ、月面基地にある。

月面基地はおそらく「なぜ」アメリカは月へ戻るべきなのかという議論が決着する前に建造されるだろう。しかしいまのところ、地政学や最近の宇宙地政学の実態を見ると、アメリカも中国も大国間競争のつぎの段階へ進んでいることがわかる。もしどちらか一方が競争からおりれば、月を「所有」するための道が他国に開かれる。月で発見されるはずの水やレアメタルは再生可能な資源ではない。

アメリカ人が最後に月面に到達してから長い時間が経過した。月面に残された6本のアメリカ国旗は日光にさらされて、いまは白く色あせている。NASAの月周回無人衛星、ルナー・リコネサンス・オービターは、2012年にそのうち5本が月面にまだ立っているのを発見した。アポロ11号の旗はオルドリンとアームストロングが離陸したときに跳ね飛ばされた。旗はどれもナイロン製なので、これから数十年で分解しそうだ。わたしたちはアポロ11号の旗を取り戻し、博物館に飾るべきだ。せっかくなのでアームストロングの足跡もみつけて究極の「ウォーク・オブ・フェイム」として保存しよう。さあ、これで月へ戻る理由ができた。

ところで、ロシアの話はしただろうか？

第7章

後退するロシア

「地球は人類のゆりかごである。
だが人類はゆりかごに永遠に留まることはないだろう」
「ロシア宇宙飛行士の父」ことコンスタンチン・ツィオルコフスキー

ロシアは人口密度の高い民間人の居住地域でロケットを打ち上げることができるし、そう望んでいることを見せつけてきたが、その世界的に有名なロケット打ち上げ能力は衰えてきているのかもしれない。それにはふたつのことがらが関係している。

2022年2月、ロシアがウクライナに武力侵攻したまさにその日に、アメリカ政府はモスクワに対して幅広い制裁を宣言した。そのなかには、半導体やレーザー、センサー、ナビゲーション機器の輸出規制とともに、「宇宙計画を含めたロシアの航空宇宙産業を衰退させること」を狙ったものもあった。

当時ロシア国営企業のロスコスモス社長だったドミトリー・ロゴジンはおもしろく思わなかった。ロシアとアメリカは1998年以来ISSにかんして連携してきた。しかしロゴジンは80万人のフォロワーを擁する自身のツイッター（現X）で、「われわれとの協力関係を遮断するなら、ISSがコントロールを失って軌道を逸脱し、アメリカやヨーロッパへ落下することから誰が救うのか？」と述べた。ロシアは宇宙ステーションの地上落下を防ぐために必要な推進力を制御し、一方アメリカは生命維持システムを提供している。

その発言はある意味で当然だった。以前ロゴジンは、アメリカの宇宙飛行士はISSまでロシアのロケットではなくトランポリンで行ってみるべきだと述べて、折り紙つきの国家主義者であることをはっきり示していたのだ。実際アメリカはロシアのロケットを数年間使い続けていた。ロシアに制裁が科された翌日、ロゴジンはアメリカ人用に新たな乗り物を提案した。「彼らには何か別なもので飛んでいってもらおう。たとえば魔法のほうきとか」

3週間後、アメリカのスペースXが反撃した。先に触れたように、イーロン・マスクの会社はすでにスターリンク衛星のインターネット・サービスをウクライナへ届けようと動いていた。3月7日、一連の衛星を積んだスペースXのファルコン9ロケットが間もなく打ち上げられようとしていた。このイベントのライブ中継の視聴者たちは、誰ともわからない発射責任者の女性がチームにこう言っているのを聞いた。「アメリカの魔法のほうきを飛ばして自由の音を聞くときが来た」

するとロゴジンは、ベテランアメリカ人宇宙飛行士スコット・ケリーを愚か者と呼び、ロシアはＮＡＳＡの宇宙飛行士をＩＳＳに置き去りにするとほのめかし、ソユーズロケットに描かれたアメリカ国旗を覆い隠す技術者の動画を公開した。これにケリーがかみついた。「その旗とその国がもたらす外貨がなければ、あなたの宇宙プログラムにはなんの価値もない。きっとマクドナルドで仕事がみつかるさ。ロシアにマクドナルドがあればだが」。いや、マクドナルドはロシアから撤退してしまった。

見方によっては、これはこっけいなドタバタ喜劇のようなものだったが、別の見方をすれば、わたしたちの目の前で数十年におよぶ宇宙での協力体制が衝突して燃えあがり、科学や両国間の緊張緩和（デタント）、そして人類に恩恵をもたらしてきた関係が終焉を迎えていたのだ。宇宙における地政学的断層線がふたたび描き直されていた。２０２２年の一連の出来事によって、ロシアが宇宙探査から手を引き、宇宙の軍事利用に集中する可能性がいっそう高まっている。さらに、宇宙活動は急速にふたつのグループに分離した。中国中心のグループと、アメリカ中心のグループだ。

波紋は大きく広がった。ロシアのウクライナ侵攻直後の余波とそれに続く制裁で、ロシアは今後アメリカにはロケットエンジンを販売しないと宣言したが、その衝撃は限定的だった。アメリカはすでに宇宙関連の大半でこれまで頼っていたロシアからすでに離れつつあったからだ。ロシアはＩＳＳでのドイツとの合同科学調査も停止すると宣言した。それに対してドイツは、ロシアとの科学分野での連携をすべて中断した。そのなかには、独露共同企画でブラックホールを探索していたドイツ製宇宙望遠鏡を停止することも含まれた。

するとロスコスモスは、フランス領ギアナにあるヨーロッパの宇宙船基地からのソユーズロケットの打ち上げを中止し、全従業員を引きあげた。ギアナのカウルー・スペースポートは、ジェイムズウェッブ宇宙望遠鏡の打ち上げをはじめ、注目を集めるミッションに使われている。その稼働停止が原因で、火星へ向けて探査機を打ち上げる予定だった欧州宇宙機関（ＥＳＡ）のエクソマーズ計画に遅れが生じた。ＥＳＡはロスコスモスとの関係を7月12日に正式に終わらせ、火星へ向かう新たな方法を探し始めた。ラクダの背を折る最後の藁1本は、その数日前に載せられていたのかもしれない。ロシア軍に占領されたウクライナのふたつの地域の旗を持つＩＳＳのコスモノートの写真を、ロスコスモスが公開したときに。

ロスコスモスはさらに、ロンドンを拠点とする衛星通信ベンチャー、ワンウェブ用の36基の人工衛星も打ち上げを中止すると宣言した。それらが軍事目的で使用されることはないと確約されていたにもかかわらずだ。衛星はロシアが運営するカザフスタンのバイコヌール宇宙基地から打ち上げられる予定だった。ロスコスモスは、「イギリス政府がワンウェブの株を手放す」ことも要求した。２０２０年にイギリス政府がワンウェブの破産回避を手助けしていたためだ。ワンウェブはそれを拒絶し、バイコヌールからのすべての衛星打ち上げを保留にしていると明らかにした。するとスペースXが、ライバル企業であるにもかかわらず、ワンウェブの衛星打ち上げに手を貸した。

この残念な報復戦略の物語には多くの敗者がいる。ドミトリー・ロゴジンもそのひとりだ。彼はESAがロスコスモスとの関係を断った数日後にロスコスモスを解雇された。しかし最大の敗者はロシアと、衰退が目に見えているその宇宙計画だろう。

ロシアはすでにロケットエンジン、衛星打ち上げサービス、ISSへの宇宙飛行士送りこみの市場シェアの争いで負けつつあった。アメリカのスペースシャトルが2011年に引退したのち、NASAはISSに宇宙飛行士を送り届けるためにソユーズ宇宙船に乗せてもらっていた（ロゴジンが「魔法のほうき」とあざけったのはそのためだ）。しかし2020年以降はスペースXの宇宙船ドラゴンでISSまで向かうという選択肢もできた。

ISSという特異な事情を鑑（かんが）みれば、たとえこのような騒動の真っただ中でも仕事上の関係は維持されるべきだった。しかし現在ロシアはステーションの運用可能期間を2030年まで延ばすためにNASAに手を貸すつもりはなさそうだ。モスクワとワシントンの関係の悲惨な現状を考えると、NASAがアメリカ主導の月ゲートウェイ計画でロスコスモスと連携することはほぼあり得ないだろう。アメリカの民間企業がコンセプト開発中の複合商業用宇宙ステーションにかんして大急ぎでロスコスモスと協力することもないだろう。

ロシアは宇宙関連部門が過去数十年間とは比べものにならないほどの速さで拡大したとたん、地球上の宇宙協力、資金調達、専門的技術の大半から締め出されてしまった。ロシアの宇宙論の最盛期はもう過ぎ去ったようだ。いずれは中露の協力関係のジュニアパートナー［協力関係のなかで地位の低いメンバー」になるかもしれない。共産主義の象徴である赤い星が科学と人類の努力の蒼空に強く明るく輝いていたときとは大違いである。

ソ連は、人工衛星スプートニクから有人宇宙飛行まで、世界初の偉業を数多く達成した。月を目指す競争に負けたあとでさえ、宇宙を目指す勇敢な行為は続いた。ソ連はさらに遠くの宇宙へ進出し、金星や火星に到達すると、地球低軌道で一連の宇宙ステーションを建造した。１９７１年のサリュート１号は世界初の宇宙ステーションだ。そして人類が宇宙に長期滞在するための技術開発に集中した。しかしその成功は長くは続かなかった。

ソヴィエト連邦は１９９１年末に崩壊し、翌年早々にソ連の宇宙計画はロシア連邦宇宙局に移行した。その組織が最終的にロスコスモスになった。経済の大混乱で、政府は１９９０年代を通して宇宙事業の予算を大幅に削減した。ＩＳＳでは中心的役割を担っていたにもかかわらず。その役割にしても、ずっと順調で輝かしい光を放ってきたわけではない。ここ最近のＩＳＳがらみの一連の事故は、ロシアのパートナーたちを怒らせていた。

２０１８年、ロシア国営のタス通信は、アメリカ人宇宙飛行士セリーナ・Ｍ・オナン＝チャンセラーにまつわる驚くべき記事を掲載した。裏付けとなる証拠はまったく提示しないまま、彼女がＩＳＳ上で「深刻な精神的危機」を抱え、ドッキングしたソユーズの船体にドリルで穴を開けたと主張し、たくみに彼女を非難したのだ。いったいなぜそんなことを？　中傷的なタスの記事によると、その穴が原因で基地全体の気圧が徐々に下がるので、すぐさま地球に帰されることになるからだというのがロシアの言い分だった。

実際に穴は開いており、すぐさまふさがれた。いつ、どこで穴ができたのかは明らかにならず、地上でできた可能性も残された。しかし、アメリカの宇宙飛行士が宇宙で故意に船体に穴を開けたという考えは、こっけいを通り越して、どこかの誰かが責任転嫁を目論んでいるように見えた。ロシアは「証拠」を集めるためにふたりの宇宙飛行士に宇宙遊泳までさせた。コメディ映画のクルーゾー警部と私立探偵ポワロ役をまかされたコスモノートたちは、ナイフを持ち、ソユーズの船体の外側から断熱材を少し切り取って「犯行現場」を調査した。この事件を究明したロシアの公式報告はいまだ出されていない。

2021年、さらに危険な事態が発生した。まず良いニュースは、ロシアの20トンの多目的実験モジュール、ナウカがISSへのドッキングに成功したことだ。ロシア語で「科学」を意味するこのモジュールのおかげで、ロスコスモスの実験能力は大幅に向上し、おまけにトイレも増えた。悪いニュースは、ドッキングの3時間後、ナウカのスラスターが噴射し、ステーション全体が回転し始めたことだ。アメリカとロシアの宇宙管制センターは連携し、ステーションの反対側のスラスターを噴射して、ステーションのコントロールを取り戻そうとした。緊急事態は1時間続き、ナウカのスラスターの燃料が切れてようやく回転は止まった。ロスコスモスはこの出来事について多くを語らなかったが、最終的にナウカの推進剤タンクにあるウクライナ製の機器のせいにした。

しかし、このふたつの出来事のどちらも2020年の事件に比べればたいしたことはない。ロシアが退役した人工衛星のひとつを破壊したところ、デブリがISSへ向かって猛スピードで突進していったのだ。国際宇宙コミュニティが結集し、ロシアの行動を非難した。これら一連の事件は、ロシアとアメリカとヨーロッパ列強のあいだの協力関係が悪化すると同時に起こった。友好関係が描く弧は2014年にロシアがクリミアを併合する前からすでに下降線に入っていたが、法的にはウクライナ領であり続けている地域の併合がその下降に拍車をかけた。

プーチン大統領はソヴィエト連邦崩壊の影響を低減させたいという自身の欲望を隠そうともしていない。ソヴィエトとは彼が「ロシアの別名」と呼ぶ存在だ。ワルシャワ条約機構の元加盟国が機を見てNATOに加盟する状況で、プーチンはNATOがロシアの国境へ向かってくるのを、あくまでも彼の視点で目の当たりにして警戒した。

今世紀、プーチンは超大国ロシアを取り戻すために、おもに軍事力を駆使してきた。ソ連軍が解隊されたのち、モスクワは1992年にロシア宇宙軍を創設した。その後数度の再編成を経て、現在はロシア航空宇宙軍の一部隊である。このふたつをひとつに統合することは、宇宙空間の軍事的局面すべてを担う効率的なひとつの軍隊を創設する試みの一環だった。この点にかんしては、アメリカより4年早かった。ウェブサイトによると、ロシア宇宙軍は迫りくる脅威に備えて宇宙を監視し、攻撃を防ぎ、宇宙船を建造して打ち上げ、軍事衛星と商業衛星のシステムを管理する任務を負う。

2003年、ロシア宇宙軍の上級指揮官は、アメリカ軍が衛星を使ってイラク軍の部隊や装備、建物を正確に狙い、総勢50万人ものイラク軍を蹴散らすのをまざまざと見せつけられた。アメリカ軍の地上部隊が投入されるころには、イラク軍は応戦できる状態ではなかった。

専門家の分析によると、第2次世界大戦中、1本の鉄道橋の破壊に必要な9000個の爆弾を落とすために、4500回の空軍の出撃が必要だった。ヴェトナム戦争では必要な爆弾が190個だった。コソヴォでは、1~3機の巡航ミサイルで事足りた。イラク侵攻の頃には、衛星に誘導された1個のミサイルで同じことができた。モスクワは、アメリカの宇宙拠点の軍事資産に後れをとったことを理解し、追い上げに着手した。

ロシアは目下、GLONASSという全地球測位システムを運営するが、それはアメリカのGPSのロシア版だ。

24基のGLONASS衛星は、GPSシステム運用開始から2年後の1995年にすべて完成した。地球全体をカバーし続けるには、新たな衛星をつぎつぎと打ち上げて、故障したり耐用年数を越えたりした衛星と交換する必要がある。しかし、1990年代のロシアは経済的大混乱の真っただ中で、宇宙計画の資金は80パーセント削減された。2001年には、稼働している衛星はわずか6基になっていた。ロシア全域さえカバーできない数だ。これはモスクワの戦略的利益にとっては深刻な打撃だった。ロシアの核ミサイルが確実にターゲットをみつけるためには

GLONASSが必要なのだ。

プーチンが政権の座に就いた2000年以降、経済は発展し始めた。プーチンはGLONASSシステムの復旧を最重要課題とし、倍以上の予算を当てた。2011年までに、衛星は24基に戻り、ここ10年間で初めて地球全域をカバーした。制裁が原因で、電話や自動車メーカーが製品にGLONASSを搭載するよう説得することもロシアには難しくなっているが、軍事力は影響を受けておらず、システムの精度にも問題はない。

GLONASSへの集中的取り組みから、人工衛星を利用したシステムしか提供し得ない状況認識や通信信頼性にロシア軍が関心を持っていることがはっきりわかった。GLONASSはシリアとウクライナにおけるロシアの軍事作戦を支援するために使われ、その際は高精度兵器が使用された。その結果ウクライナのハッカーがGLONASSを標的にしたが、成果は限定的だった。こうした衛星システムに頼り始めたロシア政府が、その防御に投資するのは理にかなっている。

ロシアは敵の衛星システムを攻撃する衛星能力にも投資している。その方法のひとつが、自国の衛星を他国の衛星に接近させることだ。そうするための合法的理由はいくらでもある。たとえば、デブリによる損傷を調べるためとか。しかし衛星をしっかりつかまえたり、液体をかけてカメラ機能を麻痺させたり、場合によっては射撃で機能不全にしたりといったことも望むようにならないとも限らない。アメリカはロシアの衛星がアメリカの衛星を「追尾している」と何度も公式に苦情を申し立ててきた。２０２０年、アメリカ宇宙司令部は、ロシアの２５４２衛星が別の衛星を内部から放出したことを懸念していた。放出された子衛星２５４３は、他のロシアの衛星付近に留まらず、アメリカの軍事偵察衛星に接近した。さらに警戒すべきことに、ロシアは続けて超高速発射体を深宇宙に発射した。

この一件からわかるように、ロシアは宇宙での戦闘能力を得るために多種多様な選択肢を構築している。なかには軍民共用の設備もあり、そのおかげで軍の意図をもっともらしく否認することもできる。それ以外の設備も、戦争を防ぐための抑止力として正当化されるのだ。

衛星を武器として使うのと同様に、ロシア等の国々は地上から宇宙を攻撃する武器の開発に取り組んでいる。２０２１年に行われたＡＳＡＴの試験攻撃は、アメリカの宇宙軍事力にはとうていおよばないと認識したロシアが、敵の中核機器を機能停止にしたり破壊したりする能力を見せつけようとした数ある例のひとつだ。ロシアが爆破した古い衛星は、ロシアの衛星のなかでも最大級だった。デブリ発生をもっと抑えられる選択肢は多数あり、ロシアはそちらを選ぶこともできたはずだ。それでもロシアはメッセージを送ることを選択した。ロシア政府の立場では、これは合理的な保険なのだ。

すでに超音速で飛んでいる改良型ＭｉＧ‐31戦闘機にロケットを搭載し宇宙へ打ち上げる計画にも同じことが言える。打ち上げられたロケットは、武器発射能力を持つと疑われる小型衛星を放出できると考えられる。

すでに運用可能な武器が、衛星攻撃用に設計されたペレスヴェート・レーザーシステムだ。トラックに設置される装置で、ロシアの移動式大陸間弾道ミサイル部門に5基が配備された。外国の衛星がロシア上空を通過したときに標的にし、それらがシステムの動きを追跡するのを妨げるためだ。「ダズリング」や「ブラインディング」が可能かどうかは定かではない。ダズリングとは、衛星に強い光を当てて機能を麻痺させ、その監視対象を一時的に見えなくすることだ。ブラインディングは、衛星の画像システムを恒久的に破壊することだ。5基のユニットのなかにそれを成功させたものがあるかどうかは不明である。

大半の専門家は、ペレスヴェートに可能なのはダズリングのみと考えているが、信頼できるオンラインマガジンのスペース・レビューは、ロシアはカリーナと呼ばれる新システムを搭載した兵器を強化するつもりらしいと示唆する。2022年のグーグルアースの画像とオープンソースの特許情報の徹底的な調査で、ロシアのクローナ宇宙監視コンプレックスが衛星破壊能力を持つ最新鋭のレーザーシステム開発に取り組んでいたことがわかったのだ。

クローナ・コンプレックスは標高2000メートルの丘の上にあり、ゼレンツクスカヤの街の西側、ジョージアとの国境付近に位置する。新たな土地が開拓され、望遠鏡を設置するためのドームが姿を現している。スペース・レビューによると、建設に伴い提出された技術文書には、この建物は「プラス40度からマイナス40度の気温で稼働し、マグニチュード7の地震にも耐えられる」と書かれているそうだ。ドームはふたつのセクションに分かれ、10分未満で開放できるので、望遠鏡が天体全体を精査できる。

建物は、ライダー（光による検知と測距）が設置されている別の建物にトンネルでつながっている。ライダーとは衛星に光を照射し、それが戻るまでにかかる時間を測定する装置だ。これで衛星の位置や移動スピード、向かっている方角が推定される。装置が洗練されるほど精度も上がる。

カリーナが運用可能なら、まずはターゲットへの集中と発射を開始するだろう。レーザービームは地球の大気を通過しなければならないので、かなりのパワーが必要だ。送り届ける光が多ければ多いほど、それが与えるダメージも大きくなる。大半の観測衛星は、地球上空わずか数百キロの地球低軌道上で運用されている。いずれカリーナは一度に数分で標的の衛星を固定して追尾することが可能になり、その間にダズリングかブラインディングを行うと考えられている。スペース・レビューは、このシステムによってロシアは一度に約10万平方キロの領土を相手の視野から隠すことができると見積もる――ポルトガルよりも広い区域だ。

カリーナは、衛星上の1点を選んでレーザービームの全エネルギーをそこに集中することもできる。これで衛星のカメラやエンジンを焼きつくし、機能不全に陥れるのだ。これほどのエネルギーを持つレーザーは、CDプレイヤーや外科手術で使われるレーザーの数千倍のパワーがある。つまりカリーナの場合、直径数メートルの望遠鏡から放出される複数のビームが互いに並行に走り、広がらないのだ。うまくいけば、カリーナはおそらく静止軌道上の衛星を排除することができる。

たとえ実際にレーザー武器が配備されても、使用していないと主張することはできる。レーザービームは目に見えず、照射されても大きな音はとどろかず、その後煙が立ち昇ることもないのだから。「なんだと?」とモスクワは言うだろう。「レーザー? 戦争? われわれには関係のないことだ。北朝鮮には聞いてみたか?」

ここで想像してみてほしい。そのような武器が宇宙から照射されたらどうなるか。宇宙へ向かってではなく、宇宙から、だ。そのビームを逸らしたり弱めたりする大気はなく、武器はずっと小型で標的はずっと大きい——たとえば、宇宙ステーションだ。

カリーナは、プーチンの「スーパーオルジー」こと「超兵器」とあだ名された新世代システムのひとつだ。大気圏を飛行中に方角と高度を変える能力のある極超音速ミサイルもそのひとつである。これによりターゲットにされた国は、ミサイルの方向を特定してそれに備えることが難しくなるのだ。

2018年以降、ロシアの宇宙における軍事的努力は、アメリカの宇宙の優位をひっくり返しそのインフラに脅威を与えることを目指して、中国と緊密に連携してきた。その関係は1990年代初頭に始まった。民主化を求めた学生らのデモ隊を虐殺した1989年の天安門事件を受けて、中国にはさまざまな技術に対して制裁が科されていた時代であり、ソ連の残骸からロシアが姿を見せた時代でもあった。そして北京とモスクワは徐々に宇宙政策で協力を始めた。

２０１８年までに、両国はロケットエンジン、宇宙船、衛星ナビゲーション、宇宙デブリの監視をはじめとする幅広い計画で協力するという正式な協定の準備を整えていた（しかし、先に触れたように、デブリの監視は平和そうに見えて必ずしもそうではない。監視システムを持つことは、偵察システムの疑いがあるものを持っているのと同じだからだ）。

こういう状況と宇宙関連の武器の進歩が理由で、アメリカとヨーロッパは、ロシアと中国が共同提案する宇宙軍拡競争を防ぐための新たな協定を数年にわたり疑いの眼で見てきた。草稿が２００８年と２０１４年に提出されたが、いまだに議論が続いている。注目すべきは、そこに欠けているものだ。

原稿は、そこかしこで「平和的目的」と「武器のコントロール」に言及しているとはいえ、これまでの他の提案や協定と同じように、宇宙での武器とは何を意味するのかを定義せず、一国の衛星が他国の衛星に接近できる限界も詳述していない。アメリカにとってさらに深刻なのは、カリーナのような地上の衛星攻撃兵器の開発、試験、備蓄についてまったく明らかにされていない点だ。これはモスクワや北京には好都合だ。両国ともに、伝統的な武器能力ではアメリカに遅れていること、現代の通常戦争が衛星頼みであることを知っている。そのため、衛星を地上から攻撃できる武器の禁止には関心がないのだ。

すでに見てきたように、アメリカは新たにデブリを生みかねない「直接上昇型」衛星破壊兵器の世界的禁止を提唱し、新技術によってもたらされた新たな問題に取り組むためにより包括的な協定を要求してきた。しかし、どのように合意に達するのかは見えてこない。なにしろアメリカ自体が地上発射型兵器やその他の技術を開発しているのだから。

それ以上に可能性が高いシナリオは、ロシアと中国が、たとえば２０３５年までに「月面および、または月の軌道上に」国際月面研究ステーションを建造する等、主導権を握りながら協力関係を築き続けるだろうということだ。

さまざまな専門知識の移転の一環として、両国はロシアのＧＬＯＮＡＳＳと中国の北斗衛星測位システムに互換性を持たせようと取り組んできた。つまり、どちらかが第三者と戦争に突入し、通信観測システムがダメージを負っても、他方のサービスを利用できるということだ。

これはウィン・ウィンの関係に思えるが、しかし……プーチンにとっては……問題がある。

ロシアは中露関係ではジュニアパートナーだが、ロシアはどんなことであれ、ジュニアパートナーの立場をよしとしない。モスクワには歴史があり、伝統があり、それを示す勲章もある。しかし北京には資金があり、インフラがあり、もはや必死ではない。中国の宇宙テクノロジーはロシアの宇宙技術の焼き直しだという古い決まり文句は、明らかに時代遅れだ。現在自前の宇宙ステーションを所有している国は中国であって、ロシアではない。月の裏側に宇宙船を着陸させたのは中国であって、ロシアではない。重量物運搬再利用型ロケットの技術でも中国が優り、宇宙関連の民間セクターもロシアより活気に満ちている。

ロシアは中国を、中国がロシアを必要とする以上に必要としている。つまり北京は、モスクワを助けることにかんしては、充分慎重に構えることができるのだ。中国は、経済制裁を受けているロシアに技術提供することには気乗りしていない——それが中国への制裁を誘発しかねないためである。

中国は中露の「友情」に尻込みしているが、ロシアにとってこの関係は恩恵だ。ＩＳＳからの撤退後、コスモノートを宇宙に長期滞在させることができる場所は、中国の宇宙ステーション内だけだろう。中国がいなければ、ロシアは月面に自前の基地を建造することもままならない。この協力体制のおかげで、ロシアは宇宙大国として競争に挑むことができるし、中国は「協力国」価格で天然ガスや原油を買うことができる。契約の裏には、アメリカ主導の資本主義国の緩やかな連携に対抗する権力ブロックを構築し、他国に参加を促すという共同戦略がある。しかしロシアの宇宙計画のこととなると——大半の国が辞退するかもしれない提案だ。

ロシアはかつて世界最先端の国だった。いまは世界から締め出されようとしている。自ら関係を断っている要素もある。ロシアの宇宙産業について報道するロシアのメディアは、たとえそれが基本情報であっても、記事ないしツイートないし投稿に免責条項を加えなければならないことを意味する新たな法律もできた。「この記事（資料）は、海外エージェントの機能を遂行する海外マスメディア・チャンネルによって、および、または海外エージェントの機能を遂行するロシアの法的組織によって制作、あるいは配信された」。自らを「海外エージェント」と断言することは、最良の状況のロシアにおいてさえ好ましいとは言えなかったし、しかもいまのロシアは最良の状況ではないのだ。

ロシアの一般大衆はいまだに宇宙に強い関心を寄せているが、政府公認のもっともばかげた項目以外は宇宙にかんするほぼすべての情報を遮断されるだろう。2019年の世論調査では、31パーセントのロシア人が宇宙関連のニュースを熱心に追っていた。59パーセントもの人がロシアに宇宙での挑戦を継続してほしいと願い、53パーセントがそうなるだろうと信じていた。

そして国が衰退しているにもかかわらず、モスクワがトップリーグに留まるための計画を練っていることは明らかだ。

ロシアの新たな最重要部門は、もっとも近代的なロケット発射施設、ボストチヌイ宇宙基地だ。1991年、ソ連崩壊後のロシアは領土内に主要宇宙基地がなく、カザフスタンのバイコヌール宇宙基地に打ち上げ料を支払わなければならなかった。この厄介な状況を解消することが決まり、ロシア政府はその解決策としてボストチヌイに賭けた。ソ連の過去を捨て、宇宙の軍事戦略と民間計画のすべての主要構成要素を確実に自国の拠点に置くことで、戦略的自律を高めるのが目的だ。

基地の建設は2007年にロシア極東のアムール州で始まった。モスクワから約8000キロ、中国との国境からは200キロの距離だ。最寄りの街ブラゴヴェシチェンスク（人口20万人）

はアムール川の北側に位置している。そこは典型的な元ソ連のくすんだ地方自治体で、住民は中国の輝かしい新都市、黒河市を川向こうに見ることができる。その現代的な高層アパートメントやオフィス街ではネオンライトがまたたいている。50年前、黒河はのんびりした村だった。それがいまでは25万人の人口をかかえ、中国がロシアに追いついたことを見せつける存在だ。

そこにボストチヌイ宇宙基地が造られる。宇宙センター計画は、アムール州全体に経済的連鎖反応をもたらすことが期待されている。アムール州はロシアでもっとも開発が遅れ孤立している地域のひとつだ。そこが選ばれたのは、経済的理由と、地理的理由の両方だった。元は大陸間弾道ミサイル基地の跡地なので、現存する主要鉄道路線へのアクセスを利用できる。遠隔地なのでロケットデブリが大都市に落下するリスクは軽減され、その緯度はバイコヌールから打ち上げられたロケットとほぼ同じ重量を運搬できることを意味する。3万5000人もの人々が暮らすことになる新たな街の建設も含むこのような巨大プロジェクトに必要なインフラを支える道路、シベリア横断道路にも近い。

ボストチヌイは、予算をオーバーし、予定期限にも遅れ、ロシアのすべての産業にしつこくつきまとうこの国特有の不正行為に悩まされた。政府基金の着服に強い関心を持つプーチン大統領は政界の長老たちに、ボストチヌイは「事実上、国家プロジェクトだ。それなのに、連中は何億も盗み続けている!」と気づかせた。少なくとも1億7000万ドルが政府高官によって横領され、その数十人が逮捕され投獄された。

現在ロケットはそこから打ち上げられているが、いくつかの小規模な施設の完成には少なくともさらに10年かかるかもしれない。お金を盗む時間もたっぷりあるということだ。基地の表玄関のプレートにはこう書かれている。「星への道はここから始まる」。いや、あえてこう書き加える者はいないだろう。「(ただし、資金が底をつかない限り)」

そこに野心はある。だがアメリカや中国の宇宙計画と肩を並べるのに必要な資金や装備は、ひょっとすると専門知識や技術も、ロシアにはないのかもしれない。それにもかかわらず、他にもいくつかの長期プロジェクトが現在進行中だ。

たとえば再利用型2段ロケットが2026年までにボストチヌイから打ち上げられる計画だ。アムールと名づけられたそれは、あれこれ勘繰りたくなるほどスペースXのファルコン9にそっくりだが、サイズは小さく、10・5トンの貨物しか積めないようだ。ソユーズ2ロケットより性能は高いが、それでもファルコン9が運搬できる量の半分以下だ。

ロシア軌道サービスステーション(ROSS)と命名された新たな宇宙ステーションの設計は完了しているが、その軌道投入の達成目標は2025年から2028年にずれこんだ。ロシア人専門家のなかには、2030年になると予想している者もいる。ロシアがナウカ研究モジュールを設計し、建造し、打ち上げてISSにドッキングするのに12年かかったことを考えると、2030年の予想すら楽観的に思える。ナウカは2007年に運用開始の予定だったが、初めてドッキングしたのは2021年だった。ROSSがもし完成したら、ISSより小型で、宇宙飛行士は年間4か月しか滞在できないため、コスモノートにできる研究は限られる。

無人宇宙船を木星へ（月と金星経由で）送り届ける「スペースタグ」をわずか4年あまりで製造する計画もある。その目玉はレーザー兵器と電気推進エンジンの動力源となる出力500キロワットの原子炉だ。ゼウスと名づけられたこの計画の最初のミッションは、2030年の打ち上げだ。2021年のモスクワ航空ショーでお披露目された宇宙船の実物大模型は、子供用の組み立てキットのようで、飛行能力もそれに似たようなものだったが、計画が実際に軌道に乗ったら、木星まで4年の飛行が、火星まで2年の有人往復飛行が実現可能だ。

宇宙ステーション、再利用型ロケット、スペースタグ——堂々たるリストである。いまやロシアがするべきことは、リストの項目を実際に宇宙へ飛び立たせるための資金と科学者と装備をみつけることだけだ。

ウクライナ侵攻前でさえも、ロシアは宇宙活動収入を失いつつあった——ここまで見てきたように、宇宙で激しさを増すタクシーサービス競争に直面していたためだ。ロシアがＩＳＳに外国人宇宙飛行士を送り届けるたびに、ひとりにつき7000万ドル請求していたことを考えると、激化する競争で収入総額は激減した。アメリカもロシア製ロケットエンジンの購入を段階的に停止し、自国製エンジンを購入し始めている。

ロシアは宇宙計画の軍事予算を公表していないが、オープンソースの報告によると、年間約15億ドル程度らしい。ロスコスモスの予算は年間30億ドルに削減され、研究開発費はほぼゼロだった。それに比べて、ＮＡＳＡのジェイムズウェッブ宇宙望遠鏡プロジェクトだけで１００億ドル、ＮＡＳＡの年間予算は２５０億ドル、アメリカ政府が費やす軍の宇宙活動費は年間１５０億ドルだ。中国の予算はかなり少なく約１００億ドルだが、もっと上げるつもりのようだ。

さらに、ロシアの宇宙計画は組織上の問題に悩まされ、不正や腐敗にむしばまれている。ボストチヌイ・コスモドロームを別にすれば、時代遅れのインフラ頼みで、そのうちのいくつかは辺境の地にある。国内の民間企業はリスクの高い政府系事業への投資には慎重だ。制裁に苦しめられていることを知っているからだ。

これに加えて高齢化問題もある。ロシアの経験豊富な労働者の大多数が引退に近づいているため、宇宙産業は今後10年間で最低でも10万人の高度な訓練を積んだ専門家が新たに必要になるだろう。しかし、才能あるロシアの若い技術者や科学者は他のハイテクベンチャーに比べて給料の安い産業には惹かれない。

制裁が追加され、ロシア経済が打撃を受けて資材調達が難しくなるなかで、ロスコスモスは負けじともがくはずだ。ロシアは立ち止まらないだろうし、2番目の宇宙大国という地位を受け入れることもないだろうが、宇宙開発や学術調査の分野でトップクラスに留まる方法がなければ、宇宙の軍事利用のトップクラスという立場に甘んじるだろう。

国家間の関係が破綻したときでさえロシアとアメリカの宇宙コミュニティをつなぐエアロックが開き続けてきたのは、協力の必要性があったからだ。緊張緩和の道筋はつねに簡単にみつかるとは限らないが、ひとつ、裸眼でも見えるほどまばゆく輝くものがある。秒速7・6キロで90分ごとにわたしたちの頭上を通過するもの――ＩＳＳだ。

しかしながら、宇宙の地理学は地上の地政学の影響を受ける。ソユーズとアポロのドッキングやＩＳＳで見られた緊張緩和は、いまやわたしたちのあいだでは失われているのだ。

第8章

旅の道連れ

「地球という宇宙船に旅行客はいない。
わたしたちはみな乗組員なのだ」
哲学者、マーシャル・マクルーハン

宇宙では中国、アメリカ、ロシアが主要プレイヤー3か国である一方で、他の国々も存在感を高めようとしている。技術の進歩のおかげでますます多くの国が簡単にチャンスをつかめるようになった。たとえば途上国ではそれが顕著だ。しかし必要な費用やインフラが理由で、大半の国は単独ではロケットを打ち上げることができない。こうしたことも手伝って、宇宙団体結成の動きが始まっている。

ヨーロッパは有利なスタートを切った。欧州宇宙機関（ESA）は、1975年に10か国で創設され、現在は22か国が参加している。EUが掲げる「いっそう緊密化する連合」という理念の一環としてEU参加国が主役だが、EUとは別機関でEUの宇宙計画とも無関係だ。EUはESAの予算の約25パーセントに貢献しているが、個々のメンバー国が残りの大半を支払っている。りっぱなことに参加国は、衛星の製造や打ち上げ、ロボットアーム、居住モジュールといった商業宇宙事業の世界市場の20パーセントほどを獲得した。これはすばらしい業績だ。なにしろESAの予算と個人投資の額は、アメリカの支出に比べれば小銭のようなレベルなのだから。

組織としてのESAは、記憶に残る成功を収めてきた。ガリレオ全地球測位衛星システム、コペルニクス地球観測プログラム、そしてISSにおける役割がその好例だ。しかし、月面基地の建設のような野心的な計画のためには、ヨーロッパ各国の相互協力のみならず、主要国との協力も必要だ――この場合、アメリカである。ESAはアメリカと緊密に連携し、月面回帰のアルテミス計画にも関与している。

ところで、宇宙に初めて犬を送りこんだのはロシア人だったが、宇宙に初めて羊を送ったのはヨーロッパ人だ。正確には、アニメーション作品の主役「ひつじのショーン」なのだが。そう、生きている羊ではない。それでも彼は地球の代表にふさわしい。なにしろ世界の主要言語のほとんどを話せるのだから――英語では「バー」、フランス語では「ベー」、日本語では「メー」――そして180か国で作品が見られてきたのだから。

ぬいぐるみのショーンはアルテミス1計画の宇宙船オリオンに搭乗した。オリオンは2022年11月にケネディ宇宙センターから打ち上げられ、月の上空6万4000キロを飛行し、地球へ帰還した。これはオリオンとNASAの重量物運搬型スペース・ローンチ・システム・ロケットの初の統合テストだった。ショーンをこのミッションに選んだのはESAだった。オリオンの生命維持システムを構築したのもESAだ——電力、水、酸素を供給し、宇宙船がコースからはずれないようにする。ESAのデヴィッド・パーカーが言うように、「人類にとっては小さな一歩かもしれないが、羊にとっては大きな飛躍だ」

ミッションが進展するにつれて、アメリカ以外のアルテミス署名国が自国の宇宙飛行士に間違いなくチケットを予約できるように激しい競争を繰り広げることが予想されるが、ヨーロッパはアメリカ以外の資金の大半を投入し、このプロジェクトで重要な役割も演じたので、「ESAの宇宙飛行士は太陽系探査の宇宙船の席を約束されている」とESAは信じている。ただし、どの国の宇宙飛行士なのかはわからない。月面に降り立つ最初のヨーロッパ人に選ばれるとなれば、一大事だろう。ヨーロッパ全土におよぶ結束には限界があり、各国が自国の宇宙飛行士にその「大きな飛躍」を担ってほしいと望むはずだ。

少し先を見ると、2029年にコメット・インターセプター宇宙船の打ち上げという野心的な計画がある。その任務は看板に偽りなし、彗星(コメット)の探査だ。計画では、太陽・地球系のラグランジュ点2のジェイムズウェッブ宇宙望遠鏡付近に宇宙船を待機させる。地上からの距離は約150万キロだ。コメット・インターセプターはそのあたりを漂いながら、太陽系にとって未知の彗星の接近を待ち、それを探査する。太陽を初めて軌道周回した彗星は砂金のようなものだろう。なぜならＥＳＡのマイケル・クッパースが説明するように、「太陽系の誕生以来の加工されていない物質を含んでいるかもしれない」からであり、それが「太陽系がどのように形成され時間をかけて拡大したか」を理解する助けになるからだ。

しかし、議論の余地のない専門知識や技術、世界一流の装備を見せてきたにもかかわらず、ヨーロッパは宇宙の安全保障については後れを取り始めている。２０２２年、ＥＵの国防大臣の初会合が開催された。２０１２年の開催でも遅すぎたかもしれないのに、２０２２年とはなんとものんん気だ。一機関としてのＥＵは、他の経済大国同様に宇宙の資源や利点に頼っているが、それを守るための手段が欠けている。宇宙での「ミッションを安全に遂行する能力を保証する必要性」についてずっと議論し続けてはいるが、衛星攻撃兵器や指向性エネルギー兵器やジャマー機器を製造するといった具体的な進展はほとんど見られない。欧州委員会は宇宙デブリの追跡や超安全量子暗号通信機器の開発に取り組んでいるが、ここでも、それらをどのように守るつもりなのかについては多くを語らない。２０１８年にロシアの衛星が仏伊軍事衛星に接近していることを発見したフランスは、「ＥＵ本部は何をしてくれるだろう？」とは考えなかった。軍事大臣フロランス・パルリは、「かなりの接近だった。接近しすぎだ」と自ら述べた。そしてフランス軍とイタリア軍が世界中で使用している超高周波帯通信を妨害しようとしたとして、モスクワを非難した。大臣は、フランスは「適切な手段」を講じたとも述べたが、それ以上は踏みこまなかった。ＥＵの宇宙軍もＥＵの軍隊も似たようなものだ。それより現実的なのは、各国が独自に戦力を高めることだろう。

自国の宇宙司令部とその戦略をすでに押し進めているEUメンバーは3か国――イタリア、ドイツ、フランスだ。なかでもフランスはヨーロッパ有数の宇宙開発国だ。3か国はいずれもEUの宇宙プログラムに関与しているが、欧州委員会の公式発表が延々と「メンバー国がEUの宇宙船が未定月の12日に打ち上げられるのを支援するかどうかを検証するために、サミット開催が可能かどうかを検討する高レベルの会合を開くことの可否を、作業グループを結成して検証する」と繰り返すのを黙って聞いてはいない。かわりに、3か国ともに積極的に自国軍を創設しようと模索している。

他の分野と同じく、ヨーロッパ人は戦略的自律を求める。数十年前にさかのぼる国家レベルとEUレベルの方針だ。1960年代、ヨーロッパ大陸の民主主義国家は自らの要求を満たすために、宇宙のアメリカ独占状態に頼ることもできたし、自国の能力レベルを上げることもできた。

最初に挑んだのはイタリアだった。1964年、アメリカのロケットへの搭載ではあったが、サン・マルコ1号という人工衛星を打ち上げたのだ。これによりイタリアはソ連、アメリカ、カナダ、イギリスに次いで、軌道上に人工物を持つ5番目の国になった。イタリアはそれ以来ISS開発で重要な役割を担い続け、ISS初のヨーロッパ人女性船長となったサマンサ・クリストフォレッティをはじめ数人の宇宙飛行士も送りこんでいる。イタリアの大手軍需企業レオナルドは、フランス企業タレス・グループと組み、タレス・アレーニア・スペースを創設した。

ヨーロッパ大陸最大の衛星開発製造企業だ。タレスは現在ルクセンブルクを拠点とするスペース・カーゴ・アンリミテッドと共同で、世界初の宇宙空間に浮かぶ工場建設を目指している。そこでバイオテクノロジー、製薬、農業、新素材に関する物資を製造する計画だ。こうしたイタリアのすぐれた能力を維持する努力のなかで、イタリア政府は2021～27年の宇宙開発予算に、9000万ユーロのスタートアップ企業援助も含め、50億ユーロを当てた。

つぎに続いたのは、自国のロケットを設計、建造、発射した3番目の国、フランスだ。第2次世界大戦後、シャルル・ド・ゴール大統領は、アメリカの核の傘のもと安全を保障するというワシントンの提案を拒絶した。アメリカのミサイルをフランス領土に持つという考えは、フランスの国力をふたたび高める決意をした男にとっては受け入れがたかったのだ。1964年、フランスの核兵器が運用可能になり、翌年には軍事通信衛星がアメリカ人（レザメリカン）たちからのフランスの独立を大々的に見せつけながら打ち上げられた。こうしてド・ゴールの核抑止力（フォルス・ド・フラップ）は、核弾頭と衛星を搭載できる弾道ミサイルを手にしたのだ。このA-1（アーミー1）衛星はすぐにアステリックス1とあだ名がつけられた。外国支配に果敢に抵抗する人気漫画の登場人物、アステリックス・ザ・ゴールにちなむ。

フランスの例外主義は、1980年代にふたたび顔を出した。1979年、カダフィ大佐政権下のリビアがチャド北部に侵攻した。1983年、チャド防衛のために軍事介入するようアメリカ政府がフランスに圧力をかけ、フランス軍が持っていない高画質衛星画像を提供した。画像のいくつかは古かったため、フランスを引き入れるために利用されたのではないかとパリは疑い、両国の意見の相違の結果、フランスはアメリカの偵察には頼らないという結論に達した。アメリカが数秒でとらえることができる画像を手に入れるために、当時フランスは10時間のミッションでジェット機を飛ばさなければならなかった。そのために1986年にSPOT1を打ち上げた――商業用画像衛星で、解像度20メートルの高品質カラー写真を撮影することができる。SPOT1の打ち上げは、チェルノブイリ原発事故の写真撮影に間に合い、フランスはヨーロッパの隣国よりも早く事故の詳細を知ることができた。

1995年になると、エリオス軍事衛星が打ち上げを迎えた。スペイン、イタリアとともに開発されたエリオスは、解像度1メートルの白黒映像撮影が可能だった。2003年、第2次湾岸戦争に先立ってエリオスの有用性が証明された。それによって得られた情報が、フランスにイラク侵攻への参戦を思い留まらせたのだ。

現在エリオスは軍民両用のプレイアード・システムに替わり、エアバス社が運用している。企業顧客とフランス、イタリアの国防省が情報を提供され、それぞれ毎日の割り当て画像を保存してもらっている。2013年にフランスがマリ共和国に軍事介入し、反乱軍が首都バマコに侵攻するのを食い止めたときもこれが役立っていた。

フランスは軍民両方の分野で宇宙の主要プレイヤーであり続けている。2020年、フランスは宇宙の軍事戦略を公表し、こう宣言した。「フランスは宇宙兵器競争に乗りだしてはいない」。

これは、大量のナノサテライト［重量が1～10キロの小型衛星］で大型衛星を警護するとか、地上のレーザーシステムで敵の衛星をブラインディングするとか、そしていくぶん現実離れしているが、衛星にマシンガンを搭載するといった一連の後日の計画とはやや矛盾する。しかしパリは自国の直接上昇型衛星攻撃ミサイルを地上に建造する可能性を排除している。地球低軌道に宇宙デブリを大量にばらまくことは無責任だからだ。フランスの宇宙司令部は2019年にトゥールーズ近郊に創設された——エアバス社やタレス社をはじめとする企業が拠点を置く街だ。その任務は、フランスの衛星を防御し、フランスの宇宙能力への攻撃を阻止することだ。

一方的な政策の提唱には限界がある。世界が別の形の二極化へ向かってゆっくり変化しているときはとくにそうだ。新たな形はアメリカと中国（およびジュニアパートナーとしてのロシア）が牛耳る世界だ。その結果、フランスの「独自路線」の方針は21世紀に適応した。たとえば、フランスは連合宇宙作戦イニシアチブに参加した。当初はアメリカ、イギリス、オーストラリア、ニュージーランド、カナダによる「ファイブ・アイズ」という情報収集グループが中心だった枠組みだ。フランスはESAとの商業レベルでの連携も増やしている。

ドイツは世界で初めてロケットを宇宙へ打ち上げたにもかかわらず（ヴェルナー・フォン・ブラウンのV2ロケット）、宇宙産業のプレイヤーとしての立場はまったく目立たない。しかし、その宇宙部門はヨーロッパで2番目に大きく、ESAへの貢献度も2番目に高い。ESAの欧州宇宙運用センターはフランクフルトにほど近いダルムシュタットに拠点を置き、そこで無人宇宙船の管制やデブリの追跡を行っている。ミュンヘンは、ＩＳＳの実験棟を管理するコロンバス管制センターの基地だ。ケルンにはミッションに臨む宇宙飛行士がトレーニングを受ける欧州宇宙飛行士センターと、ドイツ航空宇宙センター本部がそろう。後者はＥＳＡの火星探査ミッションであるマーズ・エクスプレス用の高解像度ステレオカメラを開発し、火星の水の痕跡や生命のしるしの探索を担う。ドイツは地球観測では世界のリーダーで、最先端レーダー衛星をふたつ開発した——テラサーＸとタンデムＸだ——これらは地球の高解析３Ｄ映像を提供する。

２０２１年、ドイツ軍は新たな宇宙ユニットを創設する予定だと発表した。名称は「ヴェルトラオムコマンド・デル・ブンデスヴェール（Weltraumkommando der Bundeswehr）」という輝かしいものだが、悲しいかな、翻訳するとただの武装宇宙軍となる。この組織が重要視するのは、宇宙を防御領域とみなし、宇宙の状況認識に集中してドイツの軍民の衛星を守ることだ。国防大臣アンネグレート・クランプ＝カレンバウアーは、オランダとの国境に近いウエデムに基地が置かれたとき、ドイツがこれらの衛星にかなり頼っているため「それがなければ何も立ち行かない」と指摘した。

ヨーロッパのもうひとつの宇宙大国、イギリスは、欧州連合離脱（ブレグジット）後もＥＳＡのメンバーに残ったが、「第三国」扱いになった。つまり、イギリスはガリレオ測位システムをはじめとする宇宙ベースの設備にアクセスできなくなったのだ。それらは着陸する飛行機、狭い海峡を航行する船舶、そして数メートル間隔で走る路上走行車には欠かせないものだ。２０２２年、イギリスのインマルサット社が代替サービスの運用試験を始めた。ＥＳＡとＥＵ宇宙計画庁が、サービス間の干渉がないことを確認するために協力した。イギリスのＥＵ離脱はとげとげしいものだったが、宇宙コミュニティ内ではどちらの人々も大半がこの分裂を悲しんだし、新たな関係を結ぼうという友好ムードは残っている。

イギリスの物語はフランスの物語とはまったく異なる。冷戦初期の最初の数年間、イギリスには自前の衛星やロケットを製造する能力がなく、いまも軍事衛星画像はアメリカ頼みだ。見返りに、イギリスはアメリカ国家安全保障局用の設備を運用している。しかし１９６０年代、イギリスはアメリカ、ソ連に次いで世界で3番目に機密軍事通信衛星システムを持つ国になった。

大英帝国の崩壊で、イギリスの軍隊と情報部は世界中に分散し、互いにコミュニケーションが取れなくなっていた。１９６９年、イギリスの人工衛星スカイネット１Ａがケープ・ケネディからアメリカのロケットで打ち上げられた。その後も打ち上げは続き、わずか数年でロンドンからシンガポールまで、基地間の軍事通信がつながった。イギリスは帝国時代からは後退していたかもしれないが、世界中で使える具体的手段を確実に手に入れたのだ。

それらの衛星は静止軌道に置かれたので、海外のイギリス軍と諜報活動拠点の大半が網羅された。見えない範囲もあったが、イギリスが戦うことになりそうな場所ではなかった。しかし、敵はあつかましくも「とんでもない」場所にいた――赤道より南方の大西洋だ。１９８２年、アルゼンチンがフォークランド諸島に侵攻した。そこはスカイネットのサービスエリア外だった。そのため海軍特別部隊がアルゼンチン軍を撤退させるために現地に到着したとき、軍とイギリス本国のあいだの秘密通信は……困難を極めた。こんなとき、持つべきものは友だ。陸軍特殊空挺部隊は、アメリカ陸軍デルタフォースの可動式機密ターミナルを手に入れ、アメリカの防衛衛星通信システムでロンドンへメッセージを送ったのだ。こうしたアメリカの助けがなければ、フォークランド紛争の結果は変わっていたかもしれない。イギリスはこれですっかり不安にかられ、次世代スカイネットに投資した。このシステムのおかげで、イギリス軍はバルカン諸国、イラク、アフガニスタンの作戦行動でどこにも頼らず通信することができた。目下スカイネット6Aがエアバス社によって製造中で、2025年の打ち上げが予定されている。高出力レーザーの攻撃にも耐えられる設計だ。

スカイネット6Aの管轄権は、2021年に創設されたイギリス宇宙司令部になるだろう。拠点はイングランド南部のハイ・ウィッカム空軍基地だ。このイギリス軍の新部門は、軍関係者以外にはほぼ知らされずに設立された。とはいえ、これは政界や治安の専門家が宇宙における国際関係や戦争（スカイネットがらみ以外も）の様相を数十年にわたって無視してきたことを認め、いまはそれを深刻に受け止めていることを示している。政府は、イギリスが宇宙で「重要な関係者」になるための組織だと述べている。

宇宙司令部は、「イギリスおよび同盟国の宇宙における利益を保護、防御し、イギリスの宇宙防衛能力すべてを管理する」ことがその役割だと述べる。しかしながら、攻撃に出ることについて、あるいは衛星破壊能力やその計画についてはまったく触れていない。司令官の空軍少将ポール・ゴドフリーはこう述べる。「結局のところ、わたしたちは宇宙防衛をしている。目標のひとつは宇宙のわたしたちの資産を守り、防御することだ。（中略）宇宙の保護やそこで何が起こっているかを理解することなく宇宙船を往来させることはできない」。彼らは、たとえばSAS（陸軍特殊空挺部隊）やSBS（海兵隊特殊舟艇部隊）といったイギリスの特殊部隊の軍事作戦用衛星通信にも注目している。敵対勢力が上空からの監視機能を手に入れたタイミングや、イギリス宇宙司令部がそれを特定し支援するときがわかれば、特殊部隊の助けになるだろう。現代の衛星のなかには、非常に高性能で雲や暗闇を通しても見ることができるものもある。雲や暗闇はかつては隠れみのとして戦略的に使われた。「他の部隊にいる兄弟姉妹がいつ危険に陥るかがわかれば、あらかじめその能力を強化することができる」とゴドフリーは解説した。「現在の衛星がいかに優秀かを考えれば、闇夜や悪天候は部隊の助けにはならないため、別のやり方をするかもしれない」

イギリスはヨーロッパでは（フランスと並んで）ただふたつの大規模な軍事大国のうちのひとつかもしれないが、宇宙にかんしては中国、アメリカ、ロシア、日本、フランス、アラブ首長国連邦等々にかなり水をあけられている。イギリス国防省は成長途上で、21世紀の権力政治や戦争は分かちがたく宇宙と結びついていることをすべての部門が完全に理解しているわけではないようだ。イギリスの宇宙技術に特化したある諜報筋はこう述べた。「技術面では、わたしたちは最先端で地球低軌道に専念している。投資もそこに続いているが、全体像を見ると大物のレベルには達していない」

このギャップを埋めるために、BAEシステムズ社が人工衛星群を製造し軌道上に打ち上げようとしている。夜間や悪天候時でも、レーダーや無線周波数の情報はもちろん、地表の高解像度画像も収集する衛星だ。アゼリアと名づけられた衛星のセンサーは、与えられたタスクに合わせて宇宙空間で設定変更ができる。機械学習装置も搭載され、それがデータを分析し、注目すべき活動を識別し、大半が軍事関連と見込まれる顧客へ安全なチャネルを通して情報を提供する。コーンウォールには新たな宇宙船基地も建造された。イギリスで2番目に長い滑走路があるので、ヨーロッパ初の空中発射型ロケット打ち上げの地となるだろう。イギリスの将来性にとって大きな意味のある一歩だ。

イギリス、フランス、イタリア、ドイツが存在感を示しているおかげで、ESAは宇宙関連の側面で非常に影響力のある団体になっている。それは初めて結成された宇宙連合(スペースブロック)だった。その後現れた第2の公式団体が、アジア・太平洋宇宙協力機構(APSCO)だ。2008年に中国、バングラデシュ、イラン、モンゴル、パキスタン、ペルー、タイ、トルコによって創設され、北京に本部を置く。ESAをモデルにしており、常任理事国と事務局を構える。地震に悩まされる地域で、さらには地球温暖化が懸念されるなか、衛星開発で協力し情報を共有しようというのは筋が通っている。しかし采配を振るうのは中国だ。この組織のおもな目的は、中国の北斗衛星測位システムのサービスエリアを拡大し、主要ナビゲーション・ツールとしてアメリカのGPSシステムを追い抜くことらしい。

中国の巨大な力は、インド・太平洋地域の多くの宇宙開発と連携の中心だ。この区域分けは、別のグループにも現れている――アジア・太平洋地域宇宙機関会議だ。それは中国が率いるAPSCOよりも早く日本主導で結成されたもっと略式の団体で、名称からもわかるように、「会議」であって「組織」ではない――本質的には議論するだけで行動に移さないが、その議論は中国に対して友好的ではない日本やヴェトナムといった国がおもに行っている。

日本もEUと同じように「文民の宇宙強国」だが、東アジアでの緊張が高まるにつれて、宇宙の軍備品への投資を我慢し続けることは困難だと気づき始めている。しかし、その恐る恐るの最初の一歩は、軍事レベルの衛星通信傍受でアメリカに頼り続けている状況と強く結びついている。

文民レベルで見ると、日本には印象的な宇宙開発の歴史や、野心的な月面計画がある。日本は自国で打ち上げ能力を持つごくわずかな国のひとつだ。初めて衛星を宇宙に送りこんだのは1970年、そして1990年には無人探査機の月周回に成功した。国立の宇宙航空研究開発機構（JAXA）は、小型月着陸実証機（SLIM）を開発した。着陸目標地点から誤差100メートル以内に着陸できる設計だ。アルテミス合意の署名国でもあるので、ゲートウェイ宇宙ステーションでも協力するだろう。そして日本人宇宙飛行士が2028年、2029年、あるいは

２０３０年のミッションで月面に降り立つことを期待している。

日本の民間企業も宇宙に関与し始めている。２０２２年12月、スペースＸのロケットがＭ１という月面探査機を月へ向かって打ち上げた。Ｍ１は東京拠点の小企業、ｉｓｐａｃｅが製造した。同社は月への装備品の運搬や月面での天然資源獲得を望む国の関連機関や商業顧客との契約を狙っている。Ｍ１の積載物は、ラシッドというＵＡＥの月面探査車、耐寒性を調べるための日本特殊陶業の全固体電池、カナダのミッション・コントロール・スペース・サービス社のＡＩフライトコンピュータ、そして別のカナダ企業、カナデンシス・エアロスペース社製造のＡＩ対応３６０度カメラ等々だ。そのカメラの数ある役割のひとつが、ＵＡＥのラシッドの撮影だ。

ｉｓｐａｃｅ社の歴史は一読の価値があるおもしろさだ。始まりは２０１７年、グーグルが開催したコンテストの賞金２０００万ドルの獲得を目指した多くの企業のひとつだった。賞金は民間初の探査機を月面に着陸させ、５００メートル以上走行して画像データを送信したチームに贈られることになっていた。当時チーム・ハクトという名称だったｉｓｐａｃｅは探査車開発に集中したが、月面までそれを運ぶことはライバルのインドのチームに頼る必要があった。その相乗り案では、両チームの探査車が月面で５００メートル競走をすることになる。だがじつは、誰もそのレースを見ることはできなかった。不運なことに、どのチームも２０１８年の期限までに準備が間に合わず、賞金は誰も手にできなかった。

日本は数十年かけてゆっくりと、だが着実に再武装してきた。事実上の平和主義国として。自衛隊は現在攻撃的兵器を備えているが、こと宇宙となると、東京は防衛姿勢を保ってきた。テクノロジーの世界的リーダーであり、強固な産業基盤もあるが、宇宙拠点の通信システムへの依存は、もし衛星が機能不全に陥ったら経済が立ち行かなくなることを意味する。そのため日本政府は、宇宙デブリの追跡と処理の技術に重きを置いて投資をしてきた。追跡業務のいくつかは、航空自衛隊内で活動する宇宙作戦隊（ＳＯＳ）の管理下にある。ＳＯＳは敵対する恐れのある外国の衛星も監視するが、中国やアメリカのように攻撃的宇宙兵器の開発に向かうことはなさそうだ。

同じことが隣国の韓国にも言えるが、その優れた技術は、韓国も宇宙大国に成長することを予感させる。２０２２年末に月の化学組成と磁場を調べるために探査機を月周回軌道に投入した時点で、韓国が宇宙における「プレイヤー」に名乗りを上げたことをソウルは世界に知らしめた。しかし、探査機がケープ・カナベラルからスペースXのロケットによって打ち上げられたという事実から、目下の限界が明らかになった。

隣国の北朝鮮は、自国でロケットを打ち上げることができ、たいていは黄海に臨む西海衛星発射場が使われる。打ち上げの成果はかんばしくない。２０１２～22年のあいだに、北朝鮮は衛星打ち上げを5回試みたが、成功したのはわずか2回で、衛星が正常に機能したかどうかも明らかではない。２０２２年12月末、平壌は衛星の宇宙への打ち上げに成功したと述べ、その主張を裏づけるために韓国の首都ソウルの映像を含む画像を公表した。この技術力があれば、北朝鮮は偵察活動を中国に完全に頼る必要はないかもしれない。しかし、たとえその主張が事実でも、北朝鮮の衛星がカバーする範囲は限定的なままだ。北朝鮮の周辺国やアメリカはむしろ、衛星打ち上げは核弾頭搭載が疑われる大陸間弾道ミサイルの発射能力テストと関連しているのではないかと見ている。そのための北朝鮮の能力は未知数だが、北朝鮮が打ち上げたものを考えると、他国の衛星を直接攻撃型ミサイルで撃墜することは可能に思える。

インド・太平洋地域のもうひとつのプレイヤー、インドは、民間事業では日本や韓国と密に連携しているが、宇宙計画にかんしては、手強いライバルである中国に軍事面で後れを取りたくないという願望に大きく突き動かされている。インドの防衛面のおもな懸念は、現在中国が恒久的に戦艦を配備しているインド洋が中心だ。それに加えて、ヒマラヤ山脈の中国との国境地帯では近年武力衝突が起こっている。

インドの宇宙力には勢いがあるが、2040年以前に重要な軍事プレイヤーになるには成長が遅すぎる。2019年、ニューデリーは防衛宇宙庁を設置したが、参謀総長の希望はかなわず本格的な宇宙司令部創設には至らなかった。インドには軍事衛星システムと一部地域の民間衛星によるサービスエリアがあるが、本格的な地球ナビゲーション・システム開発に国家的に取り組む中国の力にはかなわない。

2019年にも、インドは衛星攻撃兵器の実験を成功させた。中国の2007年の実験は、未来の宇宙防衛の方向性と、インドがどれほど後れを取っているかをニューデリーに見せつけた。世界の代々の政府は、宇宙のグローバルガバナンスを強化し、宇宙の軍事化を防いできたが、

２０１９年までにインドは中国をはじめとする大国が前進するのを黙って見ているわけにはいかないと結論づけた。それは大きな決断だった。ニューデリーは長らく他国が宇宙を軍事化しているとして非難してきたのだから。２０１９年の実験で、インドは宇宙の軍事地図にその名を載せた。インドは「4か国（クアッド）」戦略対話（インド、日本、オーストラリア、アメリカ）の協力体制のもと、宇宙政策での連携の事前調査もしていた――かつては世界の非同盟運動のリーダーであり、今後もそうなる可能性があった国の大きな変化だ。よくあることだが、地域対立は駆動輪だ。ニューデリーは、中国の宇宙軍事活動の経験がいずれ中国の同盟国――そして、インドの強敵でもある――パキスタンにプラスの波及効果をもたらすと知っているのだ。

宇宙の民間事業の側面なら、インドはかなり楽に扱える環境にある。２００８年、月探査機チャンドラヤーン1号が月の両極の巨大な氷の堆積物も含め、月に水が存在する可能性を発見した。目下世界の関心が月面基地建設に向けられているのは、これもひとつのきっかけだった。インドには独自の月面基地や宇宙ステーションを建造する余裕はないが、それでもアルテミス計画には参加せざるを得ない。しかし、インドの商業宇宙産業は成長中で、政府宇宙庁はすでに、チェンナイ付近の東海岸にある主要打ち上げ場からインドネシア、マレーシア、トルコ、スイス、ラトビア、メキシコをはじめとする十数か国のために衛星打ち上げを成功させている。

オーストラリアはクアッド戦略対話のインドのパートナーで、その軍事的懸念の大半はやはり中国に絡んでいる。しかしインドとは違い、オーストラリアは自国の数基の衛星が中国の物理的攻撃を受けたとしても防御手段が何もない。オーストラリアは広大な国ではあるが、現時点の宇宙能力の観点で言うと小国だ。それがいま変わろうとしている——オーストラリアは２０３０年までに中堅の宇宙強国になろうとしている。陸上権力と海上権力の中堅国という現在の地位にふさわしく。

南半球に位置するオーストラリアは、情報収集と宇宙追跡ステーション用の安全な場所を求める友人を惹きつけた。アメリカだ。オーストラリアの基地は遠隔地に置くことができる。そのため機密が保たれるうえに、ほぼまったく無線周波数干渉が存在しない。そこからは北半球では見られない宇宙の一角を見ることができ、中国の宇宙への打ち上げ軌道と対地同期軌道の監視にもうってつけだ。１９６１年、オーストラリアは国のあちこちにこのような拠点を作ることでアメリカと合意した。１９６９年の月面着陸をはじめ、アメリカの宇宙ミッションのロケット追跡に使われた場所もある。もっとも有名なのはパインギャップ施設だ。ノーザンテリトリーのアリススプリングスが比較的近い以外は、へんぴなところとしか呼びようがない場所だ。

パインギャップは、議論の余地はあるものの、アメリカ国外でもっとも重要な機密情報収集施設で、相互信頼関係にある両国を強く結びつける絆のひとつだ。オーストラリアはアメリカの拡大した核の傘の下にあるため、その有効性に貢献しなければならない。施設は１９７０年に開設されたが、１９８８年にようやく共同防御施設パインギャップと名づけられた。「共同」という言葉にその運用方法の変化が反映されていた。オーストラリアの国防省関係者が副所長をはじめとする上級管理職に就き、パインギャップの活動はすべて「オーストラリア政府が熟知し、合意したうえで行われる」ことがマントラになった。

２０１３年、当時のオーストラリア国防大臣スティーヴン・スミスは、この言葉を議会演説で繰り返し、一方でアメリカとの同盟は現在「サイバー空間、衛星通信、宇宙といった現代的分野での協力」を拡大しているとも述べた。パインギャップの施設のなかには、アメリカの宇宙配備赤外線システム（ＳＢＩＳ）用の地上中継基地もあり、そこから弾道ミサイル発射の早期警報が発報される。インド・太平洋地域には核武装国がどこよりも多く存在する――中国、北朝鮮、パキスタン、インド、そしてアメリカだ――そのためオーストラリアのＳＢＩＳへのアクセスは防衛上の利点として必要不可欠だ。

２０２２年、オーストラリア政府は空軍内に防衛宇宙司令部を発足させた。これは、政府が宇宙を地政学と戦争の新たな領域と認識し、そこでは一定程度の主権的自治が求められることを理解しているしるしだった。その認識は同年公表された文書にも反映され、宇宙司令部の能力は向上しつつあり、「危険にさらされた場合は再編成され、攻撃された場合は防御する」と述べていた。つまり軌道上で破壊されても素早く交換できるおびただしい数の小型衛星を製造するということだ。軍事用衛星の数は明記されていないが、少なくとも「軍民両用」は含まれているだろう。宇宙司令部長官、キャサリン・ロバーツ空軍中将は、オーストラリアは「かなり後れて」いると認め、「脅威に対処できる能力の向上を加速させる」必要があると述べている。

宇宙司令部創設の必要性は、２０１２年にオーストラリアがＡＵＫＵＳ（オーストラリア、イギリス、アメリカ）の防衛同盟に署名して高まった。ＡＵＫＵＳはオーストラリアに原子力潜水艦を提供する計画に重点を置くが、そこには3か国が宇宙で協力する必要があるという共通理解がある。アメリカには宇宙軍があり、イギリスには宇宙司令部があったので、同盟を結んで数か月でオーストラリアにも防衛宇宙司令部が発足した。

商業的に見ると、オーストラリアは時機を逸している――民間の宇宙機関は、２０１８年にようやく設立された。小規模だが、２０３０年までに国内の民間宇宙産業を1万件の仕事と39億オーストラリアドルの価値から、3万件１２０億オーストラリアドルの価値に成長させるという野望に集中している。大胆な目標だが、とにかく発進はした。オーストラリアに自国製の優秀な衛星システムがないということは、現在は気象観測や火山の噴火、山火事に至るまで、自然災害の監視を他国に依存していることを意味する。頼っているのは日本、中国、ＥＳＡ、そしてアメリカからのデータだ。これを改めるための10年計画で、オーストラリアの衛星群が天候、通信、軍事に専念することになるはずだ。

宇宙を取り巻くインド・太平洋諸国の関係は、その地域の政治や経済の状況を反映している。中国は独占を狙い、アジア・太平洋宇宙協力機構（ＡＰＳＣＯ）を創設してこの地域内の日本の影響力を弱めようとしている。この政策は、途上国を引きこみそれに伴う費用の一部を担うことによってある程度成功してきた。日本とインドは宇宙での軍事能力を増幅させ、互いとオーストラリアとの協力関係を強化させることで対応した。中国は最大のプレイヤーだが、友好国は少なく、APSCOメンバー内でさえそうだ。一方で、その地域の他のほぼすべての国にはひとつの共通点がある——中国の重圧に圧倒されるのではないかという懸念だ。

この分断を考えると、この地域全体がひとつの組織として結束するチャンスはほとんどないようだ。幸運にも、科学的、商業的プロジェクトでは協力の余地が大きく残されているが、軍事面の未来は緩やかな連合が基本になりそうだ。

中東では、いくつもの宇宙大国が台頭し始めたが、将来的協定はまだ決まっていない。

地上最小の国々のひとつ、イスラエルは、1982年にはすでに科学技術省の管轄下に宇宙機構を創設し、それから6年で初の衛星を打ち上げた。その前の10年間では、ヨム・キプール戦争（第4次中東戦争）で軍事警報システムがエジプトやシリアの軍勢による奇襲の察知に失敗し、衝撃を受けていた。そのためイスラエル政府は自国の偵察衛星が必要だと結論づけた。

それはゼロから衛星技術を構築することから始まったが、ロケット工学の知識が役立った。イスラエルは1960年代にフランスの協力のもと、弾道ミサイルを開発していたのだ。1980年代には、核兵器搭載用に設計されたエリコ2号ミサイルをベースに、シャヴィトという衛星軌道投入ロケットが開発された。現在イスラエルは偵察衛星と通信衛星の一群を所有している。

ほとんどの国は宇宙ロケットを東方向へ打ち上げる。先に触れたように、地球の自転スピードからエネルギーを得られるためだが、シャヴィトは真西へ打ち上げられる――地球の回転に逆らうように。この「逆行式」の打ち上げは、ロケットがイスラエルや近隣のアラブ諸国上空ではなく地中海上空を確実に飛ぶようにするためだ。近隣諸国のなかにはイスラエルにいまだに反感を持っている国もある。これは住民を守るためでもあり、アラブの隣国に衛星打ち上げロケットをミサイル攻撃と誤解されないためでもある。

シャヴィトのルートでは、ロケットは地中海上空をまっすぐに飛び、その後、針のようなジブラルタル海峡を通り抜け、大西洋上で上昇し続ける。西方向への打ち上げには大気圏を突破するためにより多くの燃料が必要なので、ロケットの運搬可能総重量が30パーセント減少する。この点は不利だが、イスラエルはそれをある程度肯定的なものにしてきた。イスラエルの防衛上の脅威が宇宙能力の発展につながったように、逆行式の打ち上げは衛星の小型化や軽量化の技術の画期的な進歩につながった。それらの衛星はいまだに高解像度画像を送り機密通信を確保している。衛星が小さくなればなるほど、1機のロケットに搭載できる衛星が増えるので、事業の費用対効果は高まる。

イスラエルは現在、編隊飛行するナノサテライトを開発しつつ、2025年の軌道投入を目指して同国初の宇宙望遠鏡ULTRASATのミッションにも取り組んでいる。地球低軌道上の国家知識センターは、地球に害をおよぼしかねない物体の位置を把握しその対処法を探ることを目指している。一方ヘルモン山のイスラエル宇宙線センターは、太陽嵐に代表される危険をはらんだ宇宙現象を監視する。

イスラエルには、月への回帰という野望もある。そう、回帰だ。私費で設立された企業、スペースＩＬが、２０１９年に探査機ベレシートを月に送っているのだ。だが「静かの海」上空で減速したとき、ハードウェアが故障し、月面に衝突した。探査機はいまもそこにあり、内部に納められた小さなヘブライ語聖書もそこにある。聖書の最初の言葉は「ベレシート」、つまり「創世記」または「初めに」である。

これはほんの始まりにすぎなかった。不時着の1年後、イスラエルとＵＡＥはアブラハム合意に署名し、国交を正常化した。どちらも宇宙技術では世界をリードしているため、ベレシート２のミッションは両国の共同ミッションになるだろうという２０２２年の宣言には説得力があった。ただし、主導権を握るのはスペースＩＬになりそうだ。

２０２５年打ち上げ予定のこの計画では、母船が月を周回し、月探査機を2機投下する。1機は地球に面した側に、もう1機は裏側に――これまでのところ中国だけが挑戦したエリアだ。もし成功すれば、初めての2機同時の月面着陸になる。その2機は、これまで月に到達した探査機に比べると最小で、それぞれが燃料込みで１２０キロしかない。母船はその後5年間月を周回しながら気候変動や砂漠化、水資源についての情報を含むデータを地球に送信する予定だ――両国にとって関心の高い問題である。

２０１９年、ベレシート1の側面のプレートにはこう書かれていた。「小さな国の、大きな夢」。

この言葉はＵＡＥにも当てはまる。その宇宙計画は中東でもっとも野心的なのだ。

小さいながらも天然資源に恵まれたアラブの国、ＵＡＥは、初めての観測衛星を２００９年に（カザフスタンから）ようやく打ち上げたところで、宇宙機構も２０１４年まで存在しなかった。しかし、２０２１年２月９日、ホープと名づけられた探査機が大気を調べるために火星軌道に乗り、ＵＡＥはアメリカ、ソ連、ＥＳＡ、インドに次いで火星に到達した史上５番目の国になった。６番目は中国だが、天問１号が火星に到達したのはホープのわずか24時間後だった。

宇宙機構長官、サラ・アル・アミリは、この驚くほどの成果にも満足していない。彼女のチームは現在宇宙船を36億キロ飛ばして、金星に接近通過後、小惑星に着陸させるミッションに取り組んでいる。打ち上げ目標は２０２８年、着陸は２０３３年の予定だ。宇宙機構は、原油や天然ガス収入への依存から脱却し経済の幅広い多様化を目指すＵＡＥの戦略の一環として創設された。これはアラブ首長国連邦を先端技術の中心地へ変貌させたいという野心にぴったり調和した。ＵＡＥはすでに自国で衛星を製造し、小型衛星群サーブを開発中だ――サーブはアラビア語で鳥の群れを意味する。

ＵＡＥはイスラエル同様アルテミス合意の署名国だ。これで他の団体との協力が禁止されるわけではないが、ＵＡＥが宇宙産業に中国をこれほど深くかかわらせているとは驚きだ。中国の電話通信事業者ファーウェイは、ＵＡＥ内部に入りこみ、５Ｇネットワークを構築している。機密情報に近づけるかもしれないバックドアは仕込まれていないと明言されているが、西欧の友好国の不安を鎮めることはできていない。２０２１年、アメリカはＵＡＥに50機のＦ－35戦闘機を販売する契約を破棄し、セキュリティ上の懸念に言及した。戦闘機にファーウェイの５Ｇ技術が使われていなかったとしても、システムの地上基地や通信塔はアメリカの最新世代の戦闘機がどのように作動するかをいとも簡単に検知するだろう。

現在ＵＡＥはラシッド２号月面探査車を２０２６年に中国の宇宙船で月へ送る計画だ。有人プロジェクトであるアルテミス３計画の着陸候補地の近辺で活動することになるだろう。ＵＡＥはファーウェイかＦ－35戦闘機のどちらかを選ばなければならなかった――今後はアメリカ主導のアルテミス計画か、中国か、どちらかを選ばなければならないかもしれない。

自国で打ち上げ能力を有する中東地域のもうひとつの国がイランだ。１９９９年、テヘランは衛星とそれを軌道に投入するロケットを製造するという意欲的な計画を発表した。しかし、ロケット開発のほうはおもに長距離ミサイル開発の隠れみのとして利用された。

イランの宇宙機構は通信省の管轄だが、宇宙ロケットを製造する企業は防衛相の従属会社で、ミサイルも製造する。イラン最強の部隊、イスラム革命防衛隊（ＩＲＧＣ）は、独自の宇宙計画を持ち、大統領ではなく最高指導者に直接報告をあげる。２０２０年には自国製の明らかに軍事用とわかる衛星を打ち上げ、イランが運用するわずかな国内製造の衛星の数を増やした。第２の偵察衛星は２０２２年に打ち上げられた。

このようにイランは衛星を製造し、打ち上げ、運用することができるが、成功しているとは言い難い。ロケット打ち上げはしばしば失敗し、衛星はたいてい低品質で寿命は短く、地球低軌道に留まっている。それでもイランの科学者は学び続け、技術を磨き、高い志も持っている。とはいえ２０２５年までに有人宇宙飛行を実現するという公約は無謀に思える。２０１３年、イランはその最終期限を２０１８年に定めていた。当時の大統領マフムード・アフマディネジャードは、初めてのイラン人宇宙飛行士に敢然と志願し、自分はイランの野心的宇宙計画のために命をかけるつもりだと述べた。彼にとって幸いなことに、計画が実現することはなかった。現在、２０２５年の期限が迫るなか、２０３２年がより現実的な運命の日と考えられている。

エブラヒム・ライシが大統領に就任した２０２１年、内閣は宇宙計画の「悲しい」状況を嘆き、それを活気づけると誓った。宇宙機構長官は解任され、５年以内に衛星を静止軌道に投入するとの目標が明言された。イランは、中東の秀でた宇宙大国であらねばならないと宣言されたのだ。地球低軌道への衛星打ち上げ回数は増え、港町チャーバハールに新たな打ち上げセンター建造の計画もある。国の南東部に位置するチャーバハールは赤道に近いので、ロケットは発射後東へ向かいインド洋上を飛行できる。

イランは、いずれ敵対する恐れのあるイスラエルやアメリカといった国がつかんだ宇宙での優位な立場を制限しようとしている。理論的には、イランは中距離ミサイルのひとつを衛星破壊兵器に改造することもできたが、３００キロ上空を秒速７・８キロで飛ぶ物体を攻撃するために求められる正確さは、現時点ではイランの能力をはるかに超えている。衛星のジャミングやスプーフィングのほうが安価で手間もかからず、しかもテヘランにはその経験がある。数年間、テヘランはイランに発信されるペルシャ語の放送を何十件となく妨害してきたのだから。有線インターネット・サービスも厳しく検閲している。そのため数百万人の一般市民は情報を求めて衛星を頼っている。つまり政府は国外からの信号を発見し遮断しようと絶えず闘っているのだ。

イランは多くの国と同じように軍民両方の目的のために宇宙を利用し、大半の国と同じように軍事面をごまかしてきた。イランが核兵器を獲得しようとしてきたせいで（イランは否定しているが）、多くの先進国はイランの宇宙計画に神経をとがらせ、中断させようとしている。しかし、技術力が低い世界の大半は、宇宙は最初にそこに到達した者だけの会員制クラブではなく、科学的、経済的、そして――もちろん――軍事的発展のために誰でも利用できなければならないというテヘランの見解に同意している。

アフリカ諸国は言うまでもなく同意している。その多くは、南アフリカ、ナイジェリア、ケニア、ボツワナ、ルワンダのように独自の宇宙機構を持つ。宇宙探査に参加しようと目先の大きな目標を掲げる国はほとんどないが、宇宙活動にまつわる法的枠組みはいかなるものでも国際的な取り組みでなければならないと論じている。アフリカ諸国の大半は、中国とアメリカの宇宙競争でどちら側につくのか態度を明らかにしていないが、自国の宇宙産業を加速させるために最高の条件を提示したほうと手を組むだろう。たとえばナイジェリアは、初の衛星2基を中国によって打ち上げたが、2022年にはアメリカ主導のアルテミス合意にルワンダとともに加盟した。ロシアはアフリカ諸国の衛星をもっとも多く打ち上げてきた。フランス、アメリカ、中国、インドがそれに続いている。

アフリカ連合（ＡＵ）は、アジェンダ２０６３の15の主要プログラムのひとつとして大陸全般の宇宙戦略をリストアップしている。アジェンダ２０６３とは、12億人（急激に増加中）の人々の生活水準を上げるための長期的取り組みだ。ＡＵは、アフリカには宇宙技術の純輸入国でい続ける余裕はないことを理解し、急成長中の宇宙産業にかかわるスタートアップ企業を支援している。しかし、アフリカ連合宇宙機構を２０１７年に創設する決議案が可決したにもかかわらず、そして本部をエジプトに置くことを選んだにもかかわらず、その後は何も進展していない。代わりに個々の国がゆっくりと前進している。

多くの国が自国の宇宙機関を持っているが、アフリカ大陸には打ち上げ設備がない。アパルトヘイトの時代、核保有国だった南アフリカは、ケープタウンの東側沿岸のデネル・オーヴァーバーグ試験場からロケットを打ち上げることができた。南アフリカはイスラエルのエリコ２号ミサイル（前述参照）の試験飛行を複数回行い、１９８０年代後半には自国のロケット３機も弾道軌道で打ち上げた。しかし１９８９年、Ｆ・Ｗ・デクラークがアパルトヘイト時代を終わらせるべく政権の座に就き、核開発計画の中止を指示したときに状況が変わった。１９９１年、南アフリカは核拡散防止条約に署名し、その一環としてオーヴァーバーグ試験場は解体された。それ以降、アフリカの国で打ち上げ能力を持った国はひとつもない。

だがそれも変わるかもしれない。2023年初頭、ジブチと中国の香港エアロスペース・テクノロジー・グループ（HKATG）が、ジブチに宇宙船基地を建設する覚書に署名したのだ。アフリカの角［アフリカ大陸北東部の突出部］の小国が10キロ四方という最小限の土地を35年リースで提供し、リース期間の終了時にはその施設がジブチ政府に譲渡されるという計画だ。10億ドルのプロジェクトには、建物の建造と中国の航空宇宙装備を現地へ運ぶための道路建設も含まれ、7か所の衛星発射台と3か所のロケット試験場が造られる予定だ。

このプロジェクトが前進したら、中国はアフリカの重要拠点に宇宙船基地を手に入れることになる――ジブチは赤道に近いおかげで、打ち上げコストを抑えられるのだ。ジブチには中国の海軍基地の拠点もあるので、中国はそこから紅海に出ることができる。ちょうどアデン湾に向かって広く開ける直前の、迂回困難なバブ・エル・マンデブ海峡に面した位置だ。このような戦略的に重要な場所の一覧表に宇宙基地が加われば、北京はこの地域一帯での影響力を強める。ジブチの威信は高まり、ハイテク産業への国内投資も増え、数十年先には宇宙船基地も受け継ぐことになる。

近い将来、アフリカでは衛星が多くの国の主要成長分野になりそうだ。アフリカ経済の大半は農業に大きく依存しているために、気候変動の影響を受けやすい。アフリカ大陸初の衛星が1998年に軌道に投入されて以来、40基以上が打ち上げられ、打ち上げ率は伸びている。1基目はエジプトのナイルサット101で、その役割はマルチメディアサービスを500万戸の家庭に届けることだったが、現在大半の衛星は環境監視用に設計されている。データは森や湖の大きさの変化を地図上で確認するために使われ、差し迫った問題の早期警戒システムとしても機能する。また、食料生産を押し上げることもできる。ガーナ大学は、環境問題に取り組むレインフォレスト・アライアンスをはじめとするグループと、サット・フォー・ファーミングで提携した。これはガーナの何万人ものカカオ栽培農家に個々の農地の情報を提供することによって収量と収入を高めるプロジェクトだ。

南アフリカはケープタウンで設計、製造を行った3基のナノサテライトを2022年にスペースXのロケットで軌道に投入した。3機とも20センチ×10センチ×10センチという大きさで、海洋状況把握衛星の一群に加わり、国の沖合を航行する船舶を特定する。南アフリカの排他的経済水域（EEZ）は海岸から200海里まで伸び、海岸線が非常に長いため、EEZは国土よりも広い。いまはナノサテライトのおかげでその領域の管理ができ、その精度は過去数十年間とは比べものにならない。

ナイジェリアも自国の衛星を所有している。そのおかげで政府は北部のイスラム過激派、ボコ・ハラムの動きを監視できていた。しかし、2021年にボコ・ハラムがまたしても大勢の女子学生を連れ去り、衛星のカバー範囲の限界が露呈した。国家宇宙研究開発機関は、生徒たちを拉致したボコ・ハラムの動きを追跡できなかったと認めた。高解析画像衛星が「反乱現場上空に静止して」いなかったからだ。さらに衛星を増やせばカバーできる範囲が広がるだけではなく、ナイジェリアの長い伝統である平和維持軍を大陸の紛争地帯に送る助けにもなるだろう。

アフリカでもうひとつ強い関心を集めるのが天文学だ。比較的澄み切った夜空が海外企業の本格的投資を呼びこみ、研究者たちの興味を引いてきた。エチオピア、エジプト、ナイジェリア、ナミビア、モーリシャス、ガーナには代表的な天文台があり、熱心なアマチュア天文家のためのアストロツーリズムという成長産業もある。

とりわけアフリカ南部は、観測天文学にとっても電波天文学にとっても絶好の場所だ。ほぼ無人の広大な土地には、無線送信が制限される無線「クワイエット」ゾーンや、澄み渡る空、そして天の川が直接見られる場所がある。世界最大の電波望遠鏡、ミーアキャットが南アフリカの北ケープ州にあるのはこの視界の良さが理由だ。ミーアキャット望遠鏡は南アフリカ政府の出資で、3億3000万ドルの費用と10年以上の歳月をかけて建造された。64基のパラボラアンテナで形成され、それぞれ20メートルの高さがある。

2018年の運用開始以降、ミーアキャットは一連の成功を収めてきた。天の川銀河の22倍の大きさがあるにもかかわらず以前は隠れていた巨大銀河の発見もそのひとつだ。今後数年で、ミーアキャットはスクエア・キロメートル・アレイ（SKA）という電波望遠鏡建設計画に組みこまれるだろう。SKAとは、ほぼ200台のパラボラアンテナ群と13万1000台のアンテナを南アフリカとオーストラリアに設置する国際プロジェクトで、インド、中国、イタリア、ポルトガル等、十数か国が出資する。2030年頃に完成すると、世界最大の科学関連施設になる予定だ——パラボラアンテナとアンテナは150キロメートル以上にわたって分布するが、すべて集めると約1平方キロをカバーするので、それにちなんで名づけられた。

SKAの場合、光学宇宙望遠鏡の視界を隠す宇宙塵を電波が通り抜けて観測するので、これまでの知識に大変革が起こると見込まれている。非常に感度が高いので、数兆キロ離れた惑星の空港から送られたレーダー信号を受信できると言われている——そのようなものが存在すればの話だが。これは国家と企業の協力がすべての人の利益になるという好例だ。わたしたちは宇宙時代の数十年間で数多くの協力関係を見てきた。世界の分断にもかかわらず、いまだに多くの科学的、商業的連携が進行中だ。しかし、こと政治にかんしては厳しい現実が戻ってくる。

先に触れた国々にしても、将来有望なプレイヤーと言えるブラジル、トルコ、インドネシアにしても、宇宙大国ビッグ・スリーの地位に挑む準備が少しでも整っていると言えそうな国はひとつもない。よその地域に目を向けると7か国が名を連ねるラテンアメリカ・カリブ海宇宙機構がある。2020年に創設され、アフリカ連合宇宙機構と同じように、その発展が注目されている。2019年にはアラブ宇宙協力グループが結成されたが、これまでほとんど対話はなかった。参加11か国は年に1度会合を開いている。しかし、現在まで大半の活動は国単位だ。こうした宇宙同盟内の協力は、同時に主権国の衛星能力が高まるので大半の国の利益になるが、アフリカ連合宇宙機構の活動が惰性に陥れば、その発展は思いがけない危険にさらされる。

ＥＳＡを別にすれば、地政学と宇宙地政学の観点を実際に計算に入れている同盟は、アメリカ主導のアルテミス合意と中露月協定のふたつだ。これら3つの同盟は宇宙の行動基準と国際法を設定しようと尽力している。おおざっぱに言うと、ＥＳＡは中露よりもアメリカの視点に近い。他の国々は特定の宇宙の問題についてどう考えるかだけではなく、どこの同盟の側につくかによってその相手との関係に影響することも慎重に判断しなければならない。宇宙が経済や軍事面での重要性を増すにつれて、全体を見渡すプレッシャーも強まる。地上でも、宇宙でも。

第3部

未来の過去

第9章

宇宙戦争

「永遠に続くものはふたつしかない。宇宙と人類の愚かさだ。
ただ、宇宙については確信がない」
アルバート・アインシュタイン

人類が新たな領域に危険を冒して踏み入るたびに、戦争が持ちこまれた。造船業からは戦艦が生まれた。飛行機からは戦闘機や爆撃機が生まれた。宇宙も同じで、未来の戦場が形になり始めている。

宇宙の平和的活動を監督するための有意義な枠組みが欠けていることはわかっている。ますます多くの国が宇宙にかかわりつつあることも、一触即発の地帯では、つまりラグランジュ点から月面基地に至るまで、すでに緊張が表面化していることもわかっている。わたしたちが宇宙で起こる紛争に向かっているとしたら――それはどのようなものなのだろう?

概念上、宇宙戦争は天体交通線をめぐる戦いの枠に入れるべきと主張する宇宙地政学研究者もいる――各国が地上の海上交通路や、それに伴う通信や貿易について議論を戦わせてきたように、世界は宇宙の軌道線を争うようになるだろうというのだ。一方ドクター・ブレディン・ボーウェンをはじめとする宇宙戦争専門家は、軌道線を「宇宙の海岸線」と呼ぶ。陸上権力がその力を宇宙に反映できると仮定すると、海岸沿いの海を支配するように、頭上の領域も支配するだろうからだ。宇宙を「高地」――眼下の土地や戦場を制御するために支配すべき場所――と考えることも、一般人にとって便利だ。ただし誰もが同意するわけではない。ドクター・ボーウェンは誤用だと感じている。「高地」と言うと、宇宙資産はいかなる犠牲を払ってでも守らなければならないもののように聞こえるが、彼は宇宙を単に「何か利点が得られる場所」と呼びたがる。

しかしこの問題がどのような枠にはめこまれようと、大方の分析家は、近いうちに一国が宇宙を支配することはなくなり、そして――いまのところ――最強の宇宙開発国であったとしても地上での権威は保証されないだろうという点で意見が一致している。とはいえ、宇宙の重要性が軍事面でも経済面でも大きくなるにつれて、競争の度合いも大きくなるという点でも分析家はだいたい同意している。さらに、理論上、大国一国が結果として支配権を握りかねないので、すべての主要国が自分たちが締め出されないように宇宙に投資しているが、その一方で2番手の勢力はビッグ・スリーへの依存やそれによる支配を小さくしようと努力している。

人類初の「宇宙戦争」が始まるとしたら、それに必要なパズルのピースは現在すでにそろっているのだ。

少なくともこの10年間は、宇宙での戦争はまず地上での戦いに関係するだろう。先進技術を持つ勢力が現在は宇宙に大きく依存していることを考えると、現代の軍事的思考の中心は宇宙だ。衛星がなければ、指揮官は航空母艦や長距離ミサイルや部隊を配備すべき場所がわからない。敵の場所を正確に知ることもできない。

エヴェレット・ドルマン教授は、近い将来の宇宙紛争はどれも中国、台湾、インド、日本、アメリカが関係するアジア・太平洋地域の緊張から生じる可能性がきわめて高いと指摘する。「今日アメリカが軍事力を誇示する能力は、ほぼすべて宇宙からの支援に基づいている。その例として精密誘導、機密情報の収集、偵察活動、敵軍の展開や意図の完璧な把握という幻想から来る政治的な行動意思があげられる。それゆえに、中国がアメリカに抵抗されるであろう地上軍事作戦開始に先駆けてアメリカの宇宙支援を引き出したことは、中国にとってかなりの強みだった」

宇宙戦争は避けられないものではなく、多くの抑制効果がある——しかし過去には、誤算と誤解によって、各国がうっかり戦争へと踏み入ってしまったこともまた事実だ。各国は自発的に選択した戦争にも手を出している。以下の自ら選択した戦争に基づく架空のシナリオは、地上の紛争に宇宙が大きな役割を果たしていることに気づかされるひとつの可能性に過ぎない。

2030年5月2日、3時9分。コロラド州シャイアン・マウンテン空軍基地。

スペシャリスト・フォーの権限を持つ宇宙システム・オペレータが、中国の衛星2基が台湾海峡を監視するアメリカの衛星に接近したことに気づく。その女性オペレータは「守護者（ガーディアン）」と呼ばれる宇宙軍メンバーのなかでは比較的若手だが、中国軍が台湾海峡に集結していることを考えると、これはすみやかに上層部に報告する必要があると判断する。

人民解放軍は直近3か月をかけて船舶や部隊、上陸船を沿岸部に移動させ、台湾攻撃の可能性をにおわせていた。アメリカは困惑する。部隊の位置取りは海峡越しの侵攻を意味するが、上陸船の数は水陸両用作戦に必要な数には遠くおよばないからだ。

5月2日、7時24分。中国の衛星はさらに接近し、最初の報告はホワイトハウスにも伝達された。簡潔な外交メッセージがてきぱきと北京に送られる。「あおっている。後退せよ」。同日中に返答が来る。中国は、自国の衛星に悪意はまったくないと主張し、2002年の宇宙空間にかんする国連条約および原則を引き合いに出す。「天体のすべての地域へは自由に立ち入りできる」。さらに、中華人民共和国はワシントンに2028年の危機を思いださせる。アメリカが中国の衛星を至近距離で「調査」したときのことだ。

5月のあいだ両国間の緊張は高まったままだ。アメリカが2基の小型「ボディガード」衛星を打ち上げ、中国とアメリカの衛星のあいだに移動したあとはなおさらだった。1週間後、連帯の表明としてイギリスも衛星を打ち上げる。

6月1日。 この出来事は重大ニュースではなくなっていた——いまだ何も起こっていない。いずれにせよ、台湾海峡は台風シーズンで、侵略には適さない天候だ。

9月4日。 静かな状況だ——だが外交面はいまにも荒れそうだ。

9月12日9時20分。 ファイブ・アイズ情報収集ネットワークにつながるオーストラリアの衛星が、不可解なことに軌道からはずれ、大気圏に落下、燃え尽きる。またしても中国の衛星がゆっくりとアメリカの衛星に接近する。この衛星はアメリカの核抑止力のための指揮統制システムの一部だ。ワシントンは警戒レベルを上げる。アメリカの衛星の海峡監視能力を危険にさらすことと、核抑止力に手出しをすることはまったく別の問題だ。早期警戒システムの一部が「消えた」ら、アメリカは予告なしの核攻撃を受けやすくなるだろう。

アメリカは国連安全保障理事会緊急会議の開催を求め、衛星の「空き地ゾーン」を提案する。それによって他国が入れない一定の範囲を作るためだ。だが会議や要請からは何も生まれない。北京は法のルールに則っていると繰り返し、今回は宇宙条約を引き合いに出す。それによると宇宙は「主権の主張、利用若しくは占拠又はその他のいかなる手段によっても国家による取得の対象とはならない」

9月19日、19時41分。中国の船団が部隊の積み下ろしの実践練習を始めると、ワシントンは航空母艦を東京湾から移動させる。日本の船と沖縄沖で合流せよとの司令だ。そこから台湾は1時間の飛行距離だ。イギリスはポーツマス基地から空母〈クイーンエリザベス2世〉を急派し、オーストラリアの完成直後の原子力潜水艦もフィリピン海へ向かう。インドと韓国は平和的解決を求める。

10月3日、4時（太平洋時間）。事態が動く。しかしアメリカが恐れていた状況ではない。中国艦隊が港を離れ上空援護を受けながら沿岸を進む。20分後、海峡監視用のアメリカの衛星にぴたりとついて「あおっている」2基の衛星が、ブラインディングでカメラの眼をくらませる。同時に、その地域上空のアメリカ、日本、オーストラリアの衛星が中国からの妨害信号でジャミングされたり「スプーフィング」されたりする。この瞬間、「侵攻艦隊」が港へ戻り始めるが、その上空を援護する中国の戦闘機はまっすぐ海岸沿いに台湾が管理する金門県の島々へ向かう。そこは中国本土からわずか3キロだ。

人民解放軍は1949年にそこから撃退されており、1958年には島の征服に失敗していた。だが今回の戦闘はほぼ始まると同時に終わる。台湾は2000年には5万人だった駐屯部隊の規模を2020年代には3000人にまで縮小していた。その頼みの綱は、烏坵（うきゅう）島の最新式の無人自動発射近距離武器システムだ。２０２２年に中国の3回目の侵攻を防ぐために配備された。しかし、中国の海南島にある木棉基地近くの電子戦オペレータがそのシステムに侵入する。少数の特殊部隊が小型高速船で短距離を移動して陸上へ押し寄せるあいだ、銃はほぼ使われない。そのうえ、使われている数丁もあらぬ方角を向いている。最大の問題は特殊部隊ではない。１８７キロ離れた本土を警戒中の台湾空軍に真のターゲットに気づかれないまま、2万人の中国のパラシュート部隊が、空軍の完全な援護のもと金門島上空から降下した。人数不足の守備隊の防御線は1次攻撃だけで30パーセント破壊される。既成事実はこうだ——降伏は9時50分、16万人の島民が現在は中華人民共和国の支配下にある。

台湾はアメリカに反撃への協力を要請する。ワシントンはそれを拒み、台湾は自国だけでは対処できない。しかし、アメリカはなんらかの反応を示すべきということは百も承知である。

10月4日、10時10分（太平洋時間）。1日がかりだったが、小型のロケットブースターを装備した2基の「ボディガード」衛星が中国の衛星の頭上に移動し、ロボットアームで中国の衛星を大気圏へ落下させる。中国の衛星はそこで大破する。中国は激怒するが、さらなる危険が待ち受けている。

12時55分（太平洋時間）。アメリカは核指揮統制衛星のひとつにもっとも近い中国の衛星を狙い、レーザービームで数千もの破片に粉砕する。アメリカが使ったのはX－40A無人宇宙飛行船だ。再利用可能なX－37の改良版で、2020年代初頭に平和目的のためにレーザー能力が搭載された。ビームは斜めに当たる。つまりその結果生まれる4000のデブリの大半は宇宙の外側へ吹き飛ぶが、数百の小片は軌道上に残り、中国を含め数か国の宇宙飛行士がすでに直面している危険がさらに増す。追い打ちをかけるように、別のアメリカの衛星が海軍通信を担う中国衛星をずっと追尾している。24時間かけてアメリカの衛星は中国衛星に接近し、アンテナをつかんで180度曲げる。宇宙で起こる軽い衝突事故だ。

報復で同じことをするという北京の脅しは失敗に終わる。最終的にこの危機は鎮まるが、影響は数年間続くだろう。アメリカ、日本、オーストラリア、インドネシア、イギリスは台湾と防衛協定を結び、「本土攻撃」の際の支援を約束する。欠けているのは、金門と本土のあいだの島々の防衛だ。宇宙で初めて軍事行動が確認されたにもかかわらず、宇宙の状況把握にかんする協定も欠けている。それはGOOMOというニックネームがふさわしい。「わたしの軌道から出ていけ（Get Out of My Orbit）」という意味だ。

さて……地上に戻ろう。未来のシナリオはどれもまったくの理論上の話であり、この話にはおそらく不備もある。だが話のなかの技術の大半はすでに存在する。宇宙軍には宇宙システム・オペレータがいる。フランスはボディガード衛星を開発し、それには「積極的防御」目的の武器を搭載できる。ダズリングとスプーフィング装置はすでに使用可能だ。烏坵（うきゅう）の自動発射砲は台湾によって開発ずみだ。そしてX－37宇宙船も実在する。

宇宙はすでに地上の戦争のために利用されているが、今後しばらく宇宙戦争そのものはまだ近づいてこないだろう。衛星はすでに互いを攻撃できるが、どんなタイプの飛行体であれ移動させるには慎重で正確なゆっくりとした動きが求められる。オペレータは、衛星が相手をつかみ、衝突し、攻撃できる場所に移動するために、いくつもの異なる軌道の交差を計算しなければならない。衛星の軌道変更はかなり面倒なのだ。そして衛星は驚くほど素早く、弾丸よりも速く動いているかもしれないとはいえ、宇宙はとてつもなく大きい。地球低軌道（わたしたちの頭上160キロから始まる）と静止軌道（3万5786キロより上）のあいだのエリアを考えてみよう。ふたつの軌道のあいだの体積は、地球の体積の190倍におよぶ。網羅するにはかなり広大だ。

衛星が別の衛星を追跡する現在のリアルタイムの宇宙戦争映画を誰かが作ったら、それを観るには丸一日の休暇と山盛りのポップコーンが必要になるだろう。そしてコーヒーも。良い点は、トイレに行っているあいだに重要な動きを見逃す可能性はごくわずかということだ。

この動きの遅さには有利な点と不利な点がある。仮想敵国にとっては互いに連絡しあう時間があるので、迫りくる危機らしきものを分析できる。しかし、先制攻撃のリスクも増す。ライバル国の複数の衛星が看過できない脅威になり得る位置へ移動しているのをある国が気づいたら、「キルチェーン」と呼ばれるもの――つまり仮想敵国の衛星を支援する地上のインフラを攻撃したくなるかもしれない。これはサイバー攻撃によって実行される可能性もある。たとえ外交手段で処理されたとしても――たとえば、これは脅迫的行為に対する「比例的報復」［相手の行いに相当する反撃だけで終わり、それ以上の報復はしないこと］であり、これ以上の攻撃は行わないとほのめかす――この行為は簡単に報復を誘発する。最初に「計画攻撃」を受けた国は、直接上昇型衛星攻撃兵器（ＡＳＡＴ）で攻撃側の衛星を撃って反撃し、その後にこれも比例的報復だと宣言することも可能だ。こうなると、いつ何が起きても不思議ではない。そこで攻撃が終わるかもしれないし、核戦争に発展するかもしれない。

ＡＳＡＴはあらゆる衛星にとってつねに脅威だが、大きな課題は、核武装国の早期警戒システムにとって欠かせない衛星のセキュリティだ。そうした衛星のなかには核搭載が疑われるミサイルの打ち上げを警告するものもあれば、たとえばアメリカの先進ＥＨＦ通信衛星ネットワークのように、核攻撃直後の通信用に使われるものもある。それぞれ10億ドルを超えるコストがかかり、小ぶりな家程度の大きさだ。それが脅威にさらされているという兆候は、持ち主を非常にぴりぴりさせる。

未来の衛星モデルはより高性能で、より費用がかかるだろう。アメリカは次世代弾道ミサイル早期警戒システムを構築しており、２０３０年に運用予定だが、これには数十億ドルかかる。これらの衛星も家ほどの大きさで、敵から見れば魅力的なターゲットだ。先に紹介した戦争シナリオで示した宇宙状況把握の問題を考えると、ここにも条約が必要だ。

こうした問題にかんする合意がないなかで……競争はいちだんと激化し、紛争の可能性は高まる。まだそこまで到達していないかもしれないが、以下のシナリオを考えると、紛争もさほど遠くはないかもしれない。

2038年4月4日、5時10分（月時間）。アルテミス統合月面基地（AIMS）。

日本の月監視シフトは、前日にロシアの宇宙船がモスクワ北部のプレセツク宇宙基地を飛び立ってから追跡を続けている。数分で、それがロシア月面基地へ向かうコース上にあることが判明していた。多国籍基地AIMSから500キロの場所だ。しかしここ1時間で、夜勤のオペレータたちはその軌道が変わったことに気づく。いまはふたつの基地のあいだの地点を目指しているようだ。するとふたたびコースが変わる。オペレータは素早く計算し、警報ボタンを押す。

アルテミス合意に明らかに違反して、ロシアの着陸船は月の南極地域の「永遠の陽射しの頂」にあるイギリス基地へ向かっている。しかし、ロシアはアルテミス合意署名国ではなく、モスクワは長いことその合意のいかなる条項にも、とりわけ自称の「安全ゾーン」にはロシアは縛られないと主張してきた。安全ゾーンは、たとえばイギリスがシャクルトン・クレーター付近で宣言している。そこは月面でも重要な領域だ。クレーター内部には氷やメタンガスといった膨大な量の天然資源が眠っているからだ。その底は、クレーターを縁取る峰とは違い、永遠の闇だ。

警報はアルテミス合意4か国のイギリス、アメリカ、日本、UAE、すべての基地で鳴り響く。だが迅速に行動しなければならないのはイギリスだ。ロボット探査車が滑走路をブロックするために出動する。基地のエアロックは二重安全構造だ。5時55分、ロシアの着陸船が、探査車を避け比較的平らな場所を選んで、滑走路の右側に沿って進み始める。6時9分、災難が襲う。なめらかな小石が船の下部にはさまり、翼が傾き月面に衝突する。この衝撃で機体が360度回転し、若干左寄りにわずか50メートル進んだところで探査車に激突、まっぷたつに折れる。

イギリスの医療スタッフが折れた機体の前方に到着すると、6人のロシア人コスモノートが亡くなっている。後方では、救助隊が2台の車両を発見する。1台は基本的なロボット建設機械、もう1台は掘削作業用探査車だ。まるでモスクワが「月面に事実」を刻みつけ、月の勢力圏をごまかす煙幕だとロシアが主張する「安全ゾーン」への反感を強調しようとしているかのようだ。

4月6日、20時36分。国連緊急宇宙委員会で、イギリスは悲劇的な事故で亡くなった宇宙飛行士に「心からのお悔やみ」を述べるが、ロシアが「安全ゾーン」を無視したのは残念だとも主張する。ロシアはイギリスが着陸地点をブロックしたと責め、1979年の月協定では月およびその資源は「人類共通の遺産」と定められていることを全員に思いださせる。アメリカは、月協定はいまだ批准されていないと指摘する。中国は沈黙を守る。危機は去ったのだろうか？

4月13日、5時12分（月時間）。第2の事件。今回ロシアは、月へ向かう途上であると知らせる。

モスクワはアメリカのノース・リンク社に、月の北極にあるボア基地に着陸予定で、レアアースの掘削を始めると通達する。ノース・リンクは、これは同社の商業上の権利の侵害だと応える。レアアースの埋蔵場所を正確に突き止めたのは同社で、そのために一財産注ぎこんできたのだから当然だ。ワシントンはモスクワに、アメリカ市民を守る義務は地球の国境を越えて適用され、宇宙軍を最高レベルの警戒態勢に置くと警告する。

ロシア船が降下を始めると、滑走路は3台の探査車にブロックされ、警告がロシアの周波数で繰り返し流される。1分が経過したところで、前方作戦基地（FOB）のアメリカ人が滑走路の前方および左右でレーザーを使い始める。こちらへ向かってくる車両を3方向から攪乱させるためで、ロシア人が車両を止めて後退することを期待している。そこで予想外の事態が起こる。ロシア船が真正面のFOBに指向性エネルギービームを発射したのだ。ビームはダズル・レーザー発射装置に恐ろしい威力で命中し、装置は爆発する。榴散弾が直径10センチの穴をFOB側面に開け、ふたりのレーザー・オペレータのうちひとりの気密服に小さなほころびをいくつも作る。彼女は、絶望的な救援ミッションで医療チームがようやく到着するかなり前に亡くなる。

ロシア船は停止し、ロシア宇宙ステーションとのランデブー地点を目指すが、国連緊急会議を招集し、遺憾の意を表明している場合ではない——アメリカはあっさりと攻撃を開始する。ロシアの北コーカサスのツェレンツクスカヤ基地の電子光学センサーを、巡航ミサイルで爆撃。同時に、ロシアの偵察衛星3基も地上の直接上昇型ミサイルで地球低軌道外へ吹き飛ばす。4

基の商業衛星がサイバー攻撃で故障し、ロシアの携帯電話の大半がモスクワ証券取引所ともどもシステムダウンする。ロシア経済がその後18時間でこうむった損害は控えめに見積もっても7億6000万ドルだ。

攻撃はターゲットを絞って工夫された。アメリカの標的はロシアの核兵器早期警戒システムと直接の関連はなく、ツェレンツクスカヤを狙ったミサイルも第3軍の宇宙偵察部門の兵士3人を殺すにとどまる。ロシアのつぎなる動きは分析家を当惑させる。ロシアは間違いなくメッセージを理解していた――ワシントンがまさしく「比例的報復」で応じたのだと。モスクワはそろそろ手を引き外交ルートに引き継ぐことも、同じ態度で応じることも、つまり控えめな反撃に出ることもできる。しかしロシアは48時間かけて、6基のキラー衛星をワシントンの核早期警戒警報システムと関連するアメリカの衛星の背後に移動させ、攻撃を開始したのだ。4基が撃たれるが、宇宙軍はロシアの衛星6基すべてを上昇型ミサイルで破壊する。アメリカの早期警戒システムの一部が停止し、ワシントンは警戒レベルをデフコン2に引き上げる［デフコンは戦争準備態勢の5段階で平時はデフコン5、完全な非常時はデフコン1］。1962年のキューバ危機以来の事態らしい。モスクワもそれにならい、「最高レベルの戦闘即応性」を宣言する――差し迫った核関連行為の1段階下だ。

アメリカは宇宙軍事基地に保持されている緊急用予備機で衛星を補う。つまり両国ともにいま相手が核兵器を準備し、部隊や船を動かしているのがわかっている。世界はかたずをのむ。そのとき、ホワイトハウスとクレムリンがそれぞれ会合を開き先制攻撃について議論しているさなか、中国が電話をかける。

こうして2038年の核戦争は回避された。北京が三者サミットを主催し、ビッグ・スリーはいくつもの「信頼醸成措置」を講じることで合意する。そこには月に配置されるすべての掘削レーザーは下方にしか向けないことも含まれる。地上では、緊張はしだいに薄れていく。相互確証破壊（MAD）［冷戦時代に提唱された核抑止論］が1世紀に満たないあいだに2度も、ほぼ限界点に達するほどの試練に耐えたことは誰もが理解している。1962年のキューバ危機がそうだったように、この出来事では惨事を回避するために関係者の誰もが意識を集中させた。第3ラウンドは——これほどうまくはいかないかもしれない。

このシナリオのもっとも危険な側面は、核所有国の早期警戒システムが無効化されるという予想だ。仮想敵国がそれを無効化した合理的な理由がみつからなければ、先制攻撃の見込みは急速に拡大するだろう。

現存する明らかな危機は他にもいくつかあり、近い将来にも身を潜めている。たとえば、インドとパキスタンのASATによる応酬は、同盟国を引きずりこみかねない——いや、さらに悪いことに、このふたつの核武装国は行動をエスカレートさせるかもしれない。

ならず者国家がキラー衛星艦隊を秘密裏に開発し、それを打ち上げて一国を、いや、まさに世界を人質にして脅すこともあり得る。

別のならず者国家は、宇宙探査の利益を得る合意から締め出されたことを苦々しく思い、地球低軌道でいくつもの巨大な核爆弾を爆発させ、ほとんどの衛星を揚げ物にし、世界を混沌へ追いやるかもしれない。

SF小説のようだろうか？　だが1962年、アメリカはスターフィッシュ・プライムという軍事作戦を実施している。太平洋上400キロにある核弾頭を爆発させたのだ――何が起こるか、ただ観測するために。そのデバイスには広島に投下された原子爆弾の100倍の威力があった。数秒で電磁パルスが原因でハワイが停電し、ハワイからニュージーランドにかけて夜空がさまざまな色の洪水で照らされた。人工のオーロラだ。消滅するまで10年は続く人工放射線ベルトが地球の周囲に形成された。少なくとも7基の人工衛星が損害を受けたり破壊されたりした。前日に打ち上げられたばかりのテルスター通信放送衛星も被害を受けた。「なんてこった」とアメリカ人は言った。いやそれより、のちの科学者の言葉を紹介しよう。「非常に驚き落胆もしたが、スターフィッシュがヴァン・アレン帯の電子を大幅に増やしたことが明らかになった。（中略）この結果はあらゆる予想に反していた」

ソ連も核爆弾を地球付近で爆発させるのは名案だと考えた。幸運だったのは、アメリカの結果を受けてそういった実験が禁止されたことだ。不運だったのは、その一連の実験によって、ならず者国家がさらに威力のある核爆弾を地球低軌道で爆発させたら、数年間その軌道で衛星を使うことはできないかもしれないと明らかになったことだ。爆風で衛星は破壊されるだろうし、その結果発生する放射能はどのような後継機も焼きつくすだろう。

これらはすべて未来の宇宙戦争で起こり得る現実的な可能性だ。では、それを避けるために何ができるだろう?

宇宙地政学の思想家のタカ派は、宇宙の軍事化が起こっているので、この先はまずそれがエスカレートし、それからライバルが追いつけないレベルに達すると確信している。これが戦争抑止力戦略だ。

軍備管理の長年の問題は、武器を持たない相手とは、誰も兵器制限交渉をしないことだ。「トマスの公理」はウィリアム・トマスとドロシー・トマスによって1920年代に生みだされたばかりの理論だが、有史以来すべての出来事に当てはまっていたようにも見える。「もし人がある状況を現実だと考えれば、それは結果として現実になる」というのだ。どの国も潜在的脅威を現実の脅威ととらえがちだ。そのため、宇宙の軍事技術の進歩では絶対にライバルに負けない国を決める賭けがあっても、宇宙大国のひとつに賭けることはお勧めできない。

軍司令官は、政治指導者から、国益を増大する能力を高めよと義務を課される。この例を宇宙軍の2020年の計画作成指針から見てみよう。「宇宙軍は、宇宙におけるアメリカの自由な行動の維持を可能にする力を組織し、訓練し、装備し、与えるために召集される。統合部隊が壊滅的かつ効果的な行動ができるように(中略)宇宙軍は、アメリカの敵対者にコストを負わせ敵対者の目的を拒む能力を伝えることによって、戦争抑止の補佐役をする」。これでライバル国には意図が充分に伝わる。そして伝えることは戦略の一部なのだ。

秘密をもらすことと、敵に自分がどれほど強いかを知らしめて思い留まらせることは紙一重だ。もしすべてを秘密にし続けたら、相手は一か八か攻撃しようと考えるかもしれない。1980年代のソ連とアメリカの武器削減条約は、両国の核能力の立会検査にかんする合意によって補強された――「信頼せよ、されど確認せよ」とレーガン大統領は述べたが、これはロシア語の「ドヴィリャイ、ノ・プロヴィリャイ」というフレーズを拝借しただけだ。

現在アメリカの宇宙軍事戦略家たちは、北京やモスクワからの奇襲攻撃を防ぐために、アメリカの衛星破壊能力を示すべきかどうか議論している。賛成側は、目に見えない武器は抑止力にならないと主張する。反対側は、軍拡競争を激化させるかもしれないと懸念する。この議論は戦争そのものと同じくらい歴史が古い。アメリカ空軍では、「緑のドア」を開けると表現される。言い伝えによると、ある空軍基地で「極秘中の極秘」という出来事が起こり、その書類が緑色のドアの向こうに隠されていたからだという。

これまでは抑止力が「核兵器発射ボタン（ビッグレッドボタン）」を押すことを阻止してきた。なぜなら相互確証破壊（MAD）によると、世界中が核攻撃は報復につながることを、そしてわたしたちがみな死ぬことを知っているからだ。ドルマンが言うには「MADには3つの要素がある。相互（全員）、確証（「もしも」もなければ「でも」もない）、そして破壊（全喪失）だ。もしも脅威が不確かなら

（中略）抑止は失敗する」

それでも、従来型の戦争を止めることにはならない。同じことが宇宙にも言える。奥の手を使おうとしている者は――いまのところは――いないものの、宇宙活動を続ける手段を破壊しない選択肢は数多い。たとえば、大量のデブリを生むことなく衛星のジャミングやスプーフィング、捕獲、そしてハッキングをすることだ。そのためMADの抑止力では、この手の技術開発の継続や小規模な衝突を止められない――衝突はいとも簡単にエスカレートするのだ。

もうひとつの選択肢は、急発展する軍拡競争だ。これに対抗するために必要なのが、包括的な一連の軍縮協定なのである。

無数の脅威のなかで最大のものはおそらく、中国とアメリカの競争と、地政学で「トゥキディデスの罠」と呼ばれるものだ［覇権国家と新興国家の対立が最終的に戦争が避けられない状態にまで発展する現象］。この言葉はハーヴァード大学教授グレアム・アリソンが著書『米中戦争前夜――新旧大国を衝突させる歴史の法則と回避のシナリオ』で使い、世に広まった。そのなかでアリソンは古代ギリシアの歴史家トゥキディデスの『戦史』からこう引用している。「戦争を不可避にしたのは、アテネの台頭と、スパルタにもその影響がおよぶのではないかという恐れだった」。アテネを中国に、スパルタをアメリカに読み替えてみよう。アリソンは、新興国が既存の覇権国をひきずりおろす脅威となる16の仮定を特定し、その結果12の戦争が起こったことを発見した。衝突が回避された4つの例では、想像力に富んだ外交術の展開が必要だった――たとえば、教皇による調停が1494年のトルデシリャス条約につながり、スペインとポルトガルの壊滅的な戦争を防いだ。ごく最近の例では、米露関係が核爆弾ではなく冷戦を生んだ。4件すべての例で、しばしば連鎖反応を伴う乱雑なものだが妥協案が出されていた。だがアリソンの要点は、彼らは壊滅的な全面戦争を避けたということであり、これらの例は宇宙時代の超大国の参考になるということだ。いま求められているのは、ビッグ・スリーによる妥協案である。

これを阻止しようとする要素は数多い。中国とロシアは、アメリカの宇宙での進歩は地球での支配的立場を維持するために計画されたとみなしている。いくつかの点で、それは正しいかもしれない。同じように、中露による技術的進歩がアメリカを脅かす軍事技術に応用されるのではないかというアメリカの懸念は続く――そしてこれにも一理ある。

脅威とその対抗策の観点から言うと、どこで一線を引くか見極めるのは難しい。たとえば、ロシアと中国はどちらも新世代の極超音速滑空ミサイルで先行している。予測可能な弾道で打ち上げられ飛行する大陸間弾道ミサイルとは違い、滑空ミサイルは高層大気中を移動でき、最速マッハ8で方角や高度を変更できる――秒速に換算すると約2・7キロだ。アメリカのミサイル防衛システムの反応時間では、このスピードに対応できない。一貫した軌道を飛ぶわけではないので、ターゲットを知ることもできない。弾頭に核兵器を搭載できることを考えると、核攻撃は当然あるだろうと決めつけたくなる誘惑は大きく、そのため核で攻撃される前に核で報復する可能性は増す。

ここまで見てきたように、アメリカは極超音速ミサイルに対して多層防御を確立している。それを追跡できるセンサーも宇宙に配備したがっている。同時に、攻撃側の衛星上のミサイル誘導システムは、海上や陸上、そして宇宙から狙われるだろう。もう少し先になると、ミサイルに向けて下方向へ攻撃できる衛星が登場しそうだ。

商業的利益の防御も考慮すべきだろう。数世紀にわたり、わたしたちは商売の後ろに国旗がついてくるようすを見てきた。地上での直近の例は、2022年の中国とソロモン諸島のあいだの協定だ。それにより、ソロモン諸島における中国の利益が危険にさらされた場合は（中国の資産や人々を狙った2021年の暴動のように）、中国政府の「部隊」が支援に来ることが可能になった。各国は宇宙の民間企業を同じように見るだろう――商売の後ろに国旗がついてくる、と。

そこで解決策だ。ドルマン教授は異なる行動様式を唱え続け、相互確証信頼作戦を提唱してきた。「宇宙空間は本質的には全世界にわたるものなので――宇宙地政学的分析から言えば、全宇宙のなかのほんの一点にすぎない――そこから生まれるいかなる利益も損失も、すべての国が分かち合うだろう。ただし、平等にではない。宇宙へのアクセスを失う懸念に注目するよりも、すべての国や同盟が宇宙探査から得られる利益を手に入れて、全人類の豊かさのために持続可能な未来を築くべきだ」

大半の人は、彼に全面的に賛同するとわたしは確信している。いまはまだ旅の途中だ。武器試験、キラー衛星、軍事宇宙ステーションや軍事基地になるかもしれない建造物を乗り越えて前進するのだ。

20世紀のフランス人哲学者、レイモン・アロンが亡くなったのは40年ほど前で、現代の驚異的な技術が生まれる以前だったが、当時でさえ彼は人類最古の問題を理解していた。「人間の心や国家の本質に革命が欠けているとき、どのような奇跡が惑星間宇宙を軍事利用から守るのだろう?」

革命(ヴィヴラレヴォリューション)よ永遠なれ。

第10章

明日の世界

「わたしは未来をみつめてみた
見えうる限りの遠い未来を
すると世界の光景が見え、
存在し得るすべての不思議が見えた」
アルフレッド・テニスン男爵、1842年

昔は遠かったものがいまは近くなり、遅かったものが速くなり、不可能だったものがいまや標準となった。これを考慮すると、宇宙や未来についての思考は――実用面は例外としても――科学によって限界を決められるべきではない。

ふたりの人物の信念を比べてみよう。ひとりめはレオナルド・ダ・ヴィンチだ。「わたしはいつも、人間が空を飛べる機械を作ることが自分の運命だと感じている」

さて今度は優秀なカナダ系アメリカ人科学者、サイモン・ニューカムだ。彼は1902年にこう述べた。「空気より重い機械による飛行は、実際的ではなく無意味だ。まったく不可能ではないにしても」。その翌年、オーヴィル・ライトがライトフライヤー号でキティホークを飛び立ち、ダ・ヴィンチが空想した未来へ向かった。

わたしたちはいま、宇宙の歴史を書いている。すでにすばらしい先駆者が感嘆するばかりの偉業を達成している。彼らが行った場所、彼らが成し遂げたことは、信じられないほど過酷だったのだ。

この先20年で出会う障害は莫大だろうが、それを克服しなければ、わたしたちはその先に横たわる挑戦に臨むことはできない。現在地にじっと立っているだけでは、人類はここまで到達できなかった。

すべてが「人類の高尚なる未来」を意味するわけではないだろう。宇宙で生まれるお金があり、人々はそれを得るために飛び立っていく。ビジネスチャンスも多い。一般人向けの宇宙飛行が当たり前になったら、宇宙ホテルも遠い話ではない。自分の遺灰を地球低軌道にまきたい？　そのために銀河葬儀会社が設立されるだろう。大半の人類を怒らせても意に介さない企業があれば、地平線いっぱいに広告を映して夜空を台無しにすることも可能だ。こういう話に興味がない方には、新技術がお役に立てるかもしれない。たとえばテックショット社が開発した3Dバイオプリンター、バイオファブリケーション・ファシリティだ。同社はそのプリンターで人間の生体組織を地球低軌道で製造することを目指している。そうすれば細胞や組織の自然な成長をさまたげる地球の重力の問題を迂回することができる。

この未来への第1歩は、月への回帰によって始まるだろう。月面で直面するはずの当面の課題の多くは、長年地上で直面してきた課題と同じ、食料、水、住居だ。しかしそこに呼吸可能な空気の製造も加えなければならないし、そのための動力源もみつけなければならない。しかもそれを母星から38万5000キロメートル離れた星でやる必要があるのだ。

先駆者たちはすでにそこの環境を偵察している。初期のアポロ・ミッションでは月の赤道付近に着陸した。理由はさまざまだが、地球への帰路で万が一離陸後にシステム障害が起こった場合、赤道からの発射なら「自由帰還」軌道に乗れるというのもそのひとつだ——宇宙船は月の重力を利用して月の周囲を大きく曲線を描くように飛び、加速を得て地球へ戻るのだ。

見たところ赤道付近はエネルギー源の確保に最適な場所らしい。そのエリアは太陽光に直接さらされる時間がもっとも長いので、おそらく両極以上に高濃度のヘリウム3がみつかるだろう——そしてヘリウム3は月面、地上、さらなる宇宙探検の動力源として巨大な可能性を秘めているのだ（第3章参照）。

しかしながら、2020年代末と2030年代の活動拠点は、おそらく赤道付近ではない。住む家や部屋をさがしている人は——「場所、場所、場所」と、ロケーションのことばかり考える。たとえ石炭庫であっても「射しこむ自然光がすばらしい」とほめそやすタイプの不動産業者なら、同じせりふで月の赤道近くの土地を売ろうとするかもしれない。たしかに2週間はずっと自然光が降り注ぐだろう。だがその後の2週間はずっと自然の闇だ。これは月が1回自転するのに約1か月かかるからだ。そのため月の昼と夜はそれぞれ14日間続く。別の言い方をしよう――月の赤道上のポッドから見上げたら、太陽が空を横切って消え、また現れて元の位置に戻るのに29・5日かかるということだ。つまりその半分の時間は、たとえ休暇で月に行ったとしてもバッテリーの再充電ができない。月面ではバッテリーが必要なのに。

しかも、赤道付近の温度が日中の127度くらいから夜間のマイナス179度くらいまで大きく振れることも事実だ。もっと科学的な言い方をするなら、「めっちゃ暑い！（スコーチオ）」ときと「真鍮のモンキーのタマが転がり落ちる」ときがあるということだ。お気づきかもしれないが、後者は英語の慣用句で、英国海軍の砲丸はモンキーと呼ばれる真鍮のトレイにピラミッド型に積まれていたという伝説から来ている。気温が劇的に下がると、真鍮が収縮してピラミッドが崩れたそうだ。だがこれは真実ではない。そもそも砲丸をピラミッド状に積んでおくことなど不可能だ。船が波に打たれるたびに甲板を転がりまわるだろうから。しかし、気温によって金属が収縮したり膨張したりするという情報は重要だ――宇宙船や酸素ボンベ、居住区域で使われる金属が収縮したり膨張したりしては困る。

初めて月を訪れた宇宙船や人間がつねに月の夜明けに――2週間におよぶ月の昼間の始まりに――着陸したのはこれが理由だ。極端な気温と、極端な気温差を避けられる時間帯なのだ。道具類は極度の高温や低温には耐えられるように設計できたが、非常に大きな温度変化には対応できなかった。

赤道付近のさまざまな困難を考えると、次の船は月の両極に着陸する可能性がかなり高い。そこは永住の地としても最適と考えられている。たいていは赤道より寒いが、温度変化はさほど激しくない。半永久的に日光に照らされているエリアはとくにそうだ。

ここまで見てきたように、科学者たちは南極で「家探し」をしている――南極エイトケン盆地では太陽が地平線より上にはめったに上がらないので、クレーターの底には日光が届かない。そのため、クレーターの底の大部分は数十億年のあいだずっと影のなかにあり、酸素や水、水素へ加工するために必要な氷が存在するかもしれない。月面基地実現へ向けたロケット推進剤の原料だ。

NASAの科学者たちは、初の月面基地の候補地になりそうな地域をいくつか発見してきた。どこも極から緯度6度以内で、それぞれのエリアは15キロ四方、いずれは着陸地点になりそうな場所が複数含まれる。太陽は空の非常に低いところにあるが、初の定住者がソーラーパネルを使って作物を収穫するには充分なエネルギーが得られるはずだ。定住者の新たな生活も力強く後押しされる。

呼吸可能な酸素は、どこで暮らすにせよ最優先課題だが、幸いその可能性を秘めた資源もある――月の表土、いわゆるレゴリスだ。数億年ものあいだ絶え間なく月にぶつかってきた隕石の衝撃痕は、数百ポンドで買える望遠鏡でもはっきり見える。月面は大きなクレーターで穴だらけだ。何百万もの微小隕石の影響は目には見えない。それは月の地表に砂のような微小粒子を残したが、地球でみつかる大半の砂よりも粒が鋭く表面が粗い。もちろん、レゴリスは月表面全体を覆っているので、それを手に入れるために月のはずれまで行く必要はないということだ。

レゴリスを容器のなかで高温で焼き、水素ガスと科学的知識をひとつまみ加えると、酸素と水素に分離できる水蒸気が生成される。すると……呼吸ができる。

そして吐き出された息も大切だ——なぜなら宇宙飛行士の呼気も、汗や尿と同じように、ISS用にすでに開発された技術を使って酸素を作るために利用できるからだ。宇宙飛行士ダグラス・H・ウィーロックは、ニューヨーク・タイムズ紙にこう語っている。「ISSでは、昨日のコーヒーが明日のコーヒーになるんだ」

さて、日光、水、酸素、エネルギーがそろった——これで月で自給自足の暮らしができる。あと必要なのは住居だけだ。最初は組み立て式か、膨らませることができる構造物を地球から運ぶことになりそうだ。住居は、月を絶えず攻撃している大量の放射線から住人を守るために、レゴリスで覆う必要があるだろう。中国の月面ミッションのひとつでドイツが行った実験結果によると、大気がない月の放射線レベルは地球上の200倍になるらしい。幸運にも、レゴリスは太陽放射線への耐性が高く熱伝導率は低いので、月面基地の外壁の「小石打ちこみ」仕上げに使える。

基地が完成し稼働し始めると、他の選択肢の調査もできる。「地下のフラット」もそのひとつだ。月にはわかっているだけで約２００個の穴があり、そこから奥へ向かう洞窟もある。その多くは温度が17度で安定している――科学者が「セーター・ウェザー」と呼ぶ環境だ。張り出している岩が穴内部の日中の暑さを抑え、夜間は熱が分散することを防ぐためと考えられている。

ジオフィジカル・リサーチ・レターズ誌の記事は、「月の洞窟は、長期にわたる調査や居住に適した穏やかで、安定した、安全な温度環境だろう」と結論づけている。なかには地球でみつかるのと同じ溶岩洞もある。冷えて固まった溶岩の内部にできる長い空洞のトンネルで、そこから洞窟が枝分かれしていることも多い。ＮＡＳＡとＥＳＡの宇宙飛行士はすでに地下探検の訓練を開始している。数チームがスペインのランサローテ島の溶岩洞に派遣され、その地形を実体験し、月面探査車に走行指令を出してトンネル内を走らせ、周囲の３Ｄマップを作成し、「走行可能性」を査定している。人類が洞窟を出て建物を作り始めてから長い歳月がたったいま、ふたたびそこへ戻るために最新技術が使われるとは、皮肉なことだ。

水、酸素、エネルギー資源が確立され、住居と食料用の温室が作られたら、つぎの関心はすぐに月の豊富なレアアースに向けられるだろう。

これらはすべて今後10年間のおよそのひな形の一部だ。アームストロングの「大きな飛躍」に、いま月面をよちよち歩く一歩が続こうとしている。この歩みはこの先地球以外の場所で生まれる人類の世代へと続くだろう。それは長い道のりで、そこへ到達するために克服すべき困難は――とりわけ妊婦を放射線や低重力の危険から守ること――山積みだ。しかし旅は始まったばかりな火星を飛びたって地球の太陽周回軌道に乗り、もとの場所へ戻ったとしても、そこに地球は見当帰路にふさわしい場所に地球が来るまで火星で何か月も待つことになるだろうからだ。ふらりとを我慢しなければならない。そしてもし往復旅行をお望みなら、２年計画にすべきだ。なぜなら～３３３日あたりで到達するようなので、約９か月間加圧された金属缶に閉じこめられることだ。それが無理なら、地球から打ち上げられた現代の宇宙探査機は、いまのところ火星に１２８で「まだ着かないの？」と何度も言いたくなるだろう。光速で飛行できる宇宙船ならものの数分

時速１００キロで宇宙を走れる車があったとしても、火星までは２５６年かかる。到着するまりだ。つぎにそれほど接近するのは２２８７年である。

こる。その波に乗れればいいのだが、６万年ぶりの最接近だった２００３年には乗り損ねたばかが得策なのだ。原因はふたつの惑星が楕円軌道を周回しているからで、最接近は26か月ごとに起

この旅ではタイミングがすべてだ。ふたつの惑星が最接近したときにミッションを開始するのむことは、はるかに困難な挑戦なのだ。

べてが、いや、それ以上の問題があるうえに、平均で月の６００倍も遠い。火星に人間を送りこけ石に水だが、先に触れたように、必要な燃料の量は削減できる。火星には月で遭遇する問題す

火星への道も続く。月から出発したとしても、地球と火星のあいだの膨大な距離を考えると焼のだ。

たらない。それは大きな問題だ。

２０２２年、イーロン・マスクは人類初の火星着陸の予定を２０２９年に延期した。地球と火星の距離が約９７００万キロに縮まる年のひとつだ。これはかなりの近道だ。なにしろ平均距離が約２億２５００万キロなのだから。予約を考えたいのなら、つぎの日付を手帳に書き留めておけば家を売る計画に役立つかもしれない。２０３１年５月、２０３３年６月、２０３５年９月、２０３７年11月、２０４０年１月だ。１００万人目の火星の旅人になりたいなら、２０５０年８月がねらい目だ。その年、マスク氏が79歳の誕生日を祝うだろうから――もしかすると火星で。そうはならないかもしれないが。

火星へ行くのは「無茶な話」だ。火星の有人着陸の予想スケジュールを見聞きしたら、それに５年加えて考えよう。最低でも。インターネットには、人類は火星に２０２０年代に到達するだろうと伝える２０１３、14、15年の記事があふれている。オランダの企業マーズ・ワンは、２０２３年に人類を火星に着陸させられると述べ、投資家から何千万ドルもの資金を集めた。だが２０１９年に経営破綻した。ＮＡＳＡは、人類がどうにか火星軌道に乗る「可能性」があるのが２０３３年で、火星の地表に到達するのは２０３９年と見積もっている。中国は２０４０～60年という理にかなった予定表を掲げているが、中国はこれまでも長期展望が得意だった。

つい最近、複数の探査車が火星表面の探査と地図作成を開始した。ＮＡＳＡの探査機キュリオシティは、２０１２年に火星に到着して以来約30キロを移動した。パーサヴィアランスはこなすべき予定がまだまだあるが、2021年に配備されてから移動距離は15キロに迫りつつある。そこに中国の探査機、祝融号が加わり、ESAも自前の探査機を2028年に送ることを目標にしている。DNA研究のパイオニアにちなんで名づけられたイギリス製の「ロザリンド・フランクリン」は、2022年にロシアのロケットで打ち上げられる予定だったが、ウクライナ侵攻で計画はご破算になった。

火星に降り立つ初の人類は、引っ越す前に火星に建築業者を送りこんでいるだろう。宇宙飛行士が生存に必要なものをより多く運べるように、ロボット宇宙船がもっとも大変な資材の荷揚げや施設の建設を終えているはずだ。別の宇宙船が帰還用の燃料を充分に積んで軌道上や地表で待機すれば、宇宙飛行士は大量の燃料を運んでくる必要もない。

最初の定住者が直面する問題のひとつは、火星が少々肌寒いことだ。夜間はマイナス63度まで冷えこむ。もうひとつは、困ったことに酸素がないので呼吸ができないことだ。もちろん、月で計画したように、空気を生成する方法はわかっている。だが狭い区画に行動が制限されるので、本格的な定住は見込めない。その解決策が、テラフォームだ。つまり火星の環境を地球と同じように変化させるのだ。2019年、マスクは「火星に原爆を落とせ！」とツイートした。土壌や極冠［氷やドライアイスに覆われた両極のエリア］に存在する二酸化炭素等のガスを放出させ、温室効果を生んで火星を温めるために、核爆弾を落とす——良い方向の気候変動だ。すべての科学者が、大気を温めるのに充分な二酸化炭素が火星の地表に含まれていると考えているわけではなく、じつは核の冬という人為的氷期を生むと信じる科学者もいる。しかし、それはあくまでもアイデアのひとつであり、マスクが言うように「失敗も選択肢のひとつ」なのだ。

マスクは楽天家だ。彼は100万人が暮らす火星の街の建造期限を2050年に設定している。数字は誤植ではない。100万人だ。

マスクの計画はこうだ。まず再利用型大型ロケット、スターシップを1000機建造する。最初の開拓者たちが基本インフラを整備したら、チケットを買って宇宙船に乗りこみ、火星で仕事をみつけるのだ。報道によると、マスクは、チケット価格を家1軒の平均価格程度にすることが目標だと述べたそうだ。持ち家がある人は自宅を売ってチケット代を工面すればいい。結局のところ、地球に戻る可能性はアルバカーキからデンヴァーへ移住する可能性よりいくぶん低いのだから。マスクもこれを認めている。彼はチケット販売の広告は、イギリスの南極探検家アーネスト・シャクルトンが出した南極探検隊の募集広告にどこか似ていると示唆した。「隊員求む。至難の旅。報酬はわずか。極寒。長い暗黒の日々。絶えざる危険。生還の保証なし。だが、成功の暁には名誉と称賛を得る」

マスクが言うには、彼が思い描く火星の自給自足の街に生きているうちにロケットで行きつく可能性は70パーセントだそうだ。にわかには信じがたいが、イーロン・マスクに称賛を。欠点もあるが、彼には思い切った夢を見る勇気もある。彼が言うように、「問題解決だけが人生ではない。人生には情熱をかきたてるもの、心を動かすものがあるべき」なのだ。彼はこんな名言も生みだした。「わたしは火星で死にたい。激突死ではなくね」

マスクと仲間の住民に必要になるのは、旅の途中で健康を保つ方法だろう。無重力状態で行われる長期のミッションでは、おびただしい数の健康問題が起こる。短期的な問題は「宇宙酔い」だ。症状は嘔吐、めまい、失見当識、ときには幻覚を伴う。たいてい数日でおさまるが、長期間の健康問題は、無重力で週を追うごとに悪化する。

人の身体は体重の60パーセントが液体で、重力のためにそれが下半身に集まる傾向がある。人類は過去数十万年直立歩行で過ごしてきた。そのため直立しているときに充分な血液が心臓や脳へいきわたるような身体システムが発達した。数か月間宇宙で過ごしたとしても進化は止まらないだろう。だからそのシステムは無重力でも働き続ける。しかしその結果、上半身の体液が増える。それで宇宙飛行士は顔がむくむのだ。だがそれ以上に問題なのは、無重力では心臓がせっせと動く必要がないため、結果として弱ることだ。同じことが身体のあらゆる筋肉にも当てはまる。筋肉が細り始めるのだ。心臓が弱ると血圧が低下し、今度は脳への酸素流入量が減少する——これはどんなときも理想的とは言えないが、ロケット科学に関与している状況ではなおさら心配だ。

重力がかからないと、骨も弱りもろくなる。とくに下部脊椎や股関節のように体重の負荷がかかる場所で顕著だ。宇宙飛行士はわずか3か月間宇宙で過ごしただけで、骨が回復するのに最大3年かかる。

ＩＳＳの宇宙飛行士がエクササイズ・マシンを使っているのを目にするのはこれが理由だ。スイミングプールは効果があるかもしれないが、かなりかさばるし、水は言うことをきいてくれないかもしれない。ジムはプールよりは小さいが、それでもかなり余分な重量だ。こういった健康問題は火星でも起こり得るが、程度は小さい。火星の重力は地球のおよそ38パーセントだ。

地上に目を戻すと、マスクの宇宙のライバル、ジェフ・ベゾスにも独自のアイデアがある。彼は「長期的問題」に取り組んでいる――つまり、地球のエネルギー枯渇問題だ。彼の解決策は、先に触れたように、宇宙の街への移住だ。プリンストン大学の物理学者、ジェラード・オニールの著書『宇宙植民島』に感銘を受けたベゾスは、幅が1マイル（約1・6キロ）の密閉された車輪形で、地球付近で回転する街を想像している。このなかでは数百万の人々が暮らすことができ、一方それとは別のステーションに重工業関連施設を収容できるので、地球は人間からも公害からも解放される。ベゾスは、必要な技術はどう頑張っても数十年先まで手に入らないと受け入れつつ、会社はいますぐインフラ建築を始めるだろうと述べている。彼の宇宙探査企業、ブルーオリジンは、民間宇宙ステーションをこの10年の後半に打ち上げる予定で、８５０立方メートルのエリアに最大10人収容することになるらしい。

ベゾスの宇宙都市は、回転させて人工重力を生む必要がある。低重力や無重力の環境に長期間滞在する際の多くの健康障害と闘うためだ。たとえば、女性が宇宙で正常に妊娠できるかどうかはわかっていない。そのためマーズ・ワンは、経営破綻を申し立てる前に、最初の定住者になりそうな人々に火星に着いても妊娠は試みないようにと助言していた。だから回転するステーションは絶対に必要なのだ――『オデッセイ』や『2001年宇宙の旅』といった映画でそのような基地が登場するのはそれが理由なのだ。

でも大丈夫、落ち着いて！　回転とは言っても、内耳の体液に影響を与えたり吐き気や失見当識を誘発したりするほど速くはない。つまり、毎分1～2回というゆったりした回転だ。そのため宇宙船は少なくとも長さ1キロは必要になる。偶然ではなく、中国とNASAもまさにその理由で実現可能性の研究を進めている。どちらの国も、達成にはおそらく数十年はかかるとわかっている――結局ISS建設には10年かかった――だが、どちらの国も未来をみすえている。

彼らは最近の新しい動きに助けられるかもしれない――ロケット燃料やエンジンを省いて、帆船の時代に戻るといった動きだ。ほぼ400年前、ヨハネス・ケプラーという名の天才がこう書き記した。「天空の風のために造られた船や帆とともに、あの広大な世界へ踏みだす者もいるだろう」。2004年、大型ソーラーセイル（太陽帆）ふたつが日本の宇宙航空研究開発機構（JAXA）によって宇宙で展開された。

それは宇宙時代のオリガミだった。JAXAは複雑に折りたたまれたパネルを小型ロケットに積みこみ、九州の内之浦宇宙空間観測所から打ち上げた。その後ふたつの帆が放出された。ひとつは直径10メートルのクローバー型、もうひとつは扇子型で、それぞれ紙の10分の1の薄さだった。日本は、超軽量の大型構造物を折りたたみ、ふたたび無傷で展開できることを証明したのだ。

現在いくつかの国がより大きくより薄いモデルの試作品に取り組んでいる。材料は反射率が高く熱耐性のある金属で、それがソーラーパネルのように働き、宇宙船は信じがたいスピードで膨大な距離を進むことになるのだ。

太陽光が物体を動かせるほどの力を出すことはよく知られている。フォトン（光を運ぶエネルギー粒子）が帆にぶつかると、それが帆を前進させる。継続的に当たる日光は、継続的な推進に、それが継続的な加速につながり、最終的に伝統的ロケットの5倍のスピードに達する。NASAの科学者はこれを「ウサギとカメ」の物語にたとえる。ロケットと宇宙帆船を同時に打ち上げると、ロケットは……突進する。しかし帆船は徐々に加速して時速1億キロに到達する。ちなみに現在のところ最速のロケットはパーカー・ソーラー・プローブで、時速70万キロに達した。言い換えると、一方は光速の0・064パーセントを実現し、もう一方は10パーセントに到達できる予想だ。

それがどれほどのスピードかと言うと、ロンドンからモスクワまで1分もかからずに飛ぶことができ、月までは1時間以内で到着する。研究は現在も続いている。

理論上、そのような技術を使えば人類は最終的に太陽系の向こうへ行けるだろう。しかし、立ちはだかる困難を考慮すると、こうたずねる人もいるかもしれない。ロボットを送り続ければいいのでは？　この疑問はとりわけ、傑出した天体物理学者ドナルド・ゴールドスミスとマーティン・リースによって提起されてきた。２０２０年、彼らは「わたしたちはほんとうに人類を宇宙へ送りこむ必要があるのか?」というタイトルの論文を発表し、「自動宇宙船のほうがコストをずっと抑えられる――年々その能力はあがっている。しかも失敗しても誰も死なない」というサブタイトルに答えをまとめた。

言い得て妙だ。彼らは、初めての月面着陸以降、何百もの探査機が太陽系の果てへ送られ、太陽の惑星すべてを訪れたのだし、ＩＳＳ上で行われる科学実験もほとんどすべてを機械で行うことができただろうと指摘する。彼らは男性や女性の英雄願望が宇宙に惹きつけられることには理解を示し、人類の住居となり得る別の場所を探すことには反対していない。だが安全面と実用面を考え、ロボットで充分だと信じている。

彼らの主張は、有人宇宙飛行に使われた政府予算と、同じことに使われた私企業の資金を比較するときにもっとも激しくなる。個人的には、政府も民間企業もいろいろな理由でお金を使い人類を宇宙へ送りこんでしかるべきだと言いたい。どこかの時点で地球から避難しなければならなくなるのはあり得る話だし、地球での生活水準を高めるためにはより多くの資源が必要なことは明らかだ。この挑戦の旅を続ければ、科学も医学も技術も進歩するだろう。たとえいまは行き着く先がどこなのかわからなくても。だからいまは一時停止ボタンを押すべきではないのだ。

たしかにロボットには多くのことができるし、するべきだ。だが彼らは宇宙にいるとどんな気持ちになるのか、母なる地球から遠く離れると心理的にはどうなるのかを語ることはできない。人がかかわらなければ、マルコ・ポーロ、旅行家のイブン＝バットゥータ、航海士の鄭和(ていわ)、コロンブス、アムンゼン、ガガーリン、アームストロング等々を継ぐ者たちがいなければ、これは未来のためなのだと、人々を説得するのは難しいだろう。いま行われていることは古いことわざと同じ、つまりいま木を植えれば未来の世代が木陰に座れるのだ。歴史に残っていることすべてが、わたしたちは未知の魅力に抗うことはできないと教えている。わたしたちがさらなる冒険に挑むのは避けられないことなのだ。アメリカの宇宙飛行士ジーン・サーナンの言を借りれば「好奇心は人間存在の本質」なのだから。

遠い未来に、突拍子もない事態になる。ソーラーセイルのような技術は絵空事のように思えるかもしれないが、テレビジョンや月面歩行もかつてはそのカテゴリーだった。現在はSFの領域にあっても理論上はメリットがあるものは数多い。

おそらくもっとも科学的に思えるのは宇宙エレベーターのアイデアだ。1895年、われらがロシアの友人、コンスタンチン・ツィオルコフスキーが初めて提唱した。彼には第2章で会っている。彼は、地表から対地同期軌道までそびえ立ち、地球と同じスピードで回転する塔を想像した。それがあれば荷物をリフトで上昇させることができる。とても単純だ。21世紀に、宇宙エレベーターの理論が証明された。あとは材料をみつけることと、やる気だけの問題だ――そして資金と。いまに至っても高さ3万5000キロの塔の重さを支えられる新素材は発明できていないが、だからといって世界初の飛行機が離陸する前からこういうことをとことん考え抜いていた先見の明のある天才の評判が損なわれることはない。

現代版のエレベーター建造案はつぎの3つだ。地上から建造を始め、上へ上へと伸ばしていく案。月から建造を始め、ケーブルをラグランジュ点を経由させて地球へ向かってぶら下げる案。そして地球を迂回してラグランジュ点から月へ向かってケーブルを造る案だ。最初の2案の利点は、大型ロケットがなくても荷物を宇宙へ引き上げられることで、宇宙旅行のコストは大きく削減できる。使用されるかもしれない材料は記事や報告書によってまちまちで、1メートルの厚さのスチールケーブルや、ザイロンのような炭素重合体等が候補にあがっている。わたしだったら蜘蛛の糸か、もしくは地球上で最強の材料――チューインガムを使いたい。いずれにせよ、宇宙エレベーターが実現したら、実際これは非常に実現可能性が高いシナリオなのだが、地球、月、そしてラグランジュ点の「係留場所」の安全確保が未来の国際セキュリティエージェントにとっての第1の目標になるだろう。

代替案の宇宙船には、昔なつかしのワープ・ファクター4・5がつねにつきまとう。熱心な人々が運営するおびただしい数のウェブサイトが教えてくれるように、ワープ・ファクター4・5とは『スター・トレック』のエンタープライズ号の平均巡航速度、ワープ・ファクターとはワープ速度の大きさを表す。このアイデアには問題がある。何ものも光速より速く移動することはできないと説くアインシュタインの相対性理論だ。ワープ・ファクター1は光速に等しく、ワープ・ファクター7は光速の343倍に到達すると言ったら、アインシュタインはかんしゃくを起こしたかもしれない。それはかなりのスピードだ。

幸い、理論物理学者は、20世紀が生んだ最高の科学者の心配をそのまま放っておくつもりはないようだ。この理論では、エンタープライズ号は光速以上のスピードでは飛ばない。そうではなく、光速よりも速く移動する圧縮されて「ゆがんだ（ワープド）」時空の泡のなかにとどまるのだ。この泡が目的地に到達すると——突然船が現れて異星人クリンゴン人を驚かせることになる。１００メートル走選手もこの技術に助けられるだろう。目の前の１００メートルのレーンを10メートルに圧縮すれば、ライバルよりもずっと速くゴールラインに到達できるだろうから。

では、早速出発しよう。と言いたいところだが、じつは事はもう少し複雑なようなのだ。多くの問題のうちのひとつにすぎないのが、大量の反物質を使うことだ——それは通常物質と同じものだが、反対の電荷を持っている。電子は通常物質で、マイナスの電荷を持つ。そのパートナーが陽電子で、それはプラスの電荷を持つ。

反物質が通常物質に衝突すると爆発が起こり、純粋な放射線が発生して爆発中心部から光速で飛びだす。不運にも、反物質はあまり多くは存在しない。だが幸運にも、反物質は作ることができる。たとえばＣＥＲＮ（欧州原子核研究機構）にあるような高エネルギー粒子加速器（素粒子加速器）は、反物質を作ることができる。残念なことに、ＣＥＲＮは年間1～2ピコグラムの反物質を生成するにすぎない。１ピコグラムは1兆分の1グラムだ。これでは10ワットの電球を約3秒間しか灯せないので、星間旅行にはトン単位で必要なことを考えればそれは——科学の専門用語を使うと――「あまり多くない」。しかし火星へ行くだけなら100万分の1グラムで足りる可能性もある。ＮＡＳＡはこれが達成できるまでほんの数十年かもしれないと信じている。

もちろん、つねに抜け道(ワームホール)についても議論されてきた。理論上は、膨大な距離をほぼ瞬時に移動し、実質的に出発すると同時に到着できるかもしれないということだ。この理論の仕組みを単純化したたとえがある。シーツをふたつにたたみ、平らに広がるように四隅をふたりの人物で持つ。たたんだシーツのあいだには、ごくわずかだがすきまがある。つぎにボウリングの球をシーツの上に置くと、球は真ん中へ転がり、シーツは重みでへこんでカーブする。いま同じ力がたたんだ下側のシーツにもかかっていると想像してみよう。そちら側は同じ力でふくらんでいると言える。理論上は、このシーツの上側と下側に影響をおよぼしている力が充分に強ければ、このふたつの離れた地点を結ぶ通路が生まれる。するとたとえ数光年離れた地点でも、瞬時に移動できるのだ。

そんなばかなって? では最後に、テレポーテーションの話をしよう。1998年、数人のとてもとても賢いカリフォルニア工科大学(カルテック)のグループがフォトンの構造を詳しく読み取り、その情報を1メートルの同軸ケーブルで送信した。するとケーブルの反対側にフォトンが複製された。彼らはまた、そうすることによってオリジナルのフォトンは破壊されるという理論も立証した。これは当初の分析でオリジナルのフォトンが崩壊し消滅したからで、それがどこへ送られようと複製だけが残ることになる。つまり基本的に、人間をテレポートできるステージへ到達したら、テレポートするたびにオリジナルの人物を殺すことになるが、彼らは別の場所で複製されるということだ。何度でも、繰り返し。

量子科学を専門とする物理学者たちはカルテックの突破口に基づいて研究を重ね、実際中国の研究者たちはフォトンを97キロテレポートしているが、人体のオクティリオン個［1オクティリオンは1に0を27個つけた数］の原子を複製してその情報を別の惑星に送ることはまだまだ先の話に思える。研究によると、たとえ人をテレポートできたとしても、そのためにはイギリス全体の電力供給量100万年分がかかるようだ。現在のようなエネルギー価格で、着手する人などいるだろうか？　それでも現在、大量の量子情報を数千キロ先へ送る実験が進められているところだ。中国はすでにそのような情報を宇宙空間の衛星へ発信している。それで得られるのはハッキングが信じがたいほど困難な通信システムだ。さらに重大なのは、たとえハッキングされても、通信側にそれがわかる点だ。なぜなら量子の世界では何かを「観察する」ことが世界に変化を起こすからだ。

ここからわかるのは、不可能に思えることが現実になり始めるかもしれないということだ。それならわたしたちも挑戦を続けていけそうだ。他の惑星に数百万もの生命形態があるという可能性についてはどうだろう？　おびただしい数の太陽系外惑星――わたしたちの太陽系の外に存在する惑星――が、生命を維持する可能性のある候補地として認定されてきた。天文物理学者ニール・ドグラース・タイソンは、太陽系外を観測する現在の能力についてこう述べている。「宇宙にほかの生命はいないと主張することは、水をすくいあげてコップのなかを見て、海にクジラはいないと述べるようなものだ」

わたしたちは不可知のこと、不思議なこと、楽しいことについてあれこれ考えて過ごすこともできる。しかし夢や理論に囲まれてばかりいないで、まずは立ちあがってすでに直面している問題に対処しなければならない。軍拡競争、領土と資源の奪い合い、法律の欠如等々、この新しい時代の多くの負の側面にわたしたちは取り囲まれている。

巨大投資企業モルガン・スタンレーの宇宙チームは、技術革新が世界を変えるほどの影響力を持つかもしれないと指摘する。チームはその好例として、1854年に行われたエレベーター初の安全装置の実演をあげる。それが都市のデザインに影響を与えることを予見できた人はほとんどいなかったが、20年以内にニューヨークの高層ビルはどれも中央にエレベーターシャフトを配置して建てられるようになり、建物はどんどん高くなっていった。モルガン・スタンレーのチームは、再利用可能型ロケットの開発によって宇宙産業でも似たようなターニングポイントが訪れるかもしれないと考えている。スペースXが開発した再利用型ロケットも含め、低コストで宇宙空間へ行けるようになれば、宇宙産業への投資が促進されるだろう。モルガン・スタンレーは宇宙産業市場は2040年までに現在の4000億ドルから1兆ドル以上に成長するだろうと予想する。

これはわたしたちが「ネットゼロ」こと温室効果ガス排出量正味ゼロの目標を達成するための

力になるかもしれない。技術的には、宇宙にソーラーパネルの「フィールド」を展開することはすでに可能だ。現在の電力需要に匹敵するほどのエネルギーを太陽から集め、それを地球のほうへ放出できる。工場を宇宙に置くことも可能になるだろう。そしてここまで見てきたように、月や小惑星でのレアアースや資源の採掘はもう手の届くところまで来ている。

人類の歴史を振り返ると、共通の人間性［自分も他人も同じ人間であり、同じように苦しむ存在だという認識］を認識し、宇宙で協力し合って豊かな収穫を手にし、それを平等に分配することなどあり得ないだろう。だが国家や集団が互いに競い合っていても、わたしたちすべてにもたらされる利益はあるはずだ。現在の主権統治の概念が今後宇宙に投影され、国家が互いに認め合った領域を支配する可能性はあるが、それによって生物種としての宿命から引き離されてはいけないのだ。

スティーヴン・ホーキングの言葉が議論を（ほぼ）終わらせる決定打になるだろう。「広い宇宙へ飛びだすことはわたしたちを問題から救う唯一の方法かもしれない。わたしは確信している。人類は地球を離れる必要があるのだと」。さあ、旅を楽しもう。

エピローグ

「過去は始まりの始まりにすぎず、
過去と現在はすべて夜明けの薄明りにすぎない」
H・G・ウェルズ

わたしたちはずっと不安で落ち着かない気持ちだった。その感覚はわたしたちの遺伝子構造に根差しているようだ。わたしたちは山の頂に何があるのか見たいと思った。大海原へ出帆したいという衝動に駆られた。完全な地球の地図を描いてしまったいま、さらに遠くへ行けるとわかった瞬間にそこへ行こうとするのは避けようがなかった。

ある地点から別の地点への距離は、かつては徒歩でどれほどかかるか測ったものだったが、その後は動物、車、飛行機へと移行した。現在わたしたちは次元の異なる数学世界へ移動中で、光速や、平均的な計算機が対処できる桁数よりももっとゼロが多い数字を扱おうとしている。テクノロジーは地理学を否定したと主張する人もいるが、宇宙でテクノロジーが成し遂げてきたことは過去の均衡を崩すものばかりだ。しかしおそらく、宇宙の規模は人類がその権力争いや対立の歴史を受け流せるほど広大だとわかるだろう。カール・セーガンが述べたように、「もしひとりの人間があなたに賛同しなくても、彼を生かしておこう。他の数千億の銀河では誰もみつけられないだろうから」。ひょっとするとその通りかもしれない。

確実なのは、わたしたちが地球からさらに遠くの宇宙へ挑み続けるだろうことだ。わたしたちは月に定住するだろう。火星や、さらに遠い星でも暮らすだろう。時間はかかるが、想像さえできないような変化を呼びこむ加速器を技術の世界でみつけるだろう。アーサー・C・クラークはこう述べた。「それらは火や電気が魚の想像力を超えているように、現在のわたしたちのヴィジョンをはるかに超えている」。だからといって前進を阻まれてはいけない——人類は何世代も何世代もかけて、自分はその完成を目にすることはないと知りながら偉大な文明の記念碑を建造してきた。その遺産はこう語る。「これはわたしたちがここに存在したときに成し遂げたことだ。これはわたしたちのため、そしてあなたがたのためだった」

スプートニク、アポロ、ソユーズ、ＩＳＳ、そして現在のアルテミスやオリオンは、宇宙時代の偉大な記念碑に数えられる。未来の世代はそれを見返し、それらがなければ、そしてピタゴラス、ニュートン、ツィオルコフスキー、ガガーリン、アームストロングがいなければ、自分たちはこの現在地にはいなかったと知ることになる。

おそらくその頃には、未来の世代は宇宙の130億年の旅の最初の1秒をのぞけるようになっているだろう。そしてみつけているはずだ……無ではなく、何かを。人類が想像した、そしてこれから想像するすべての驚異がそこに、わたしたちの目の前に広がっている。ホモ・サピエンスに発見されるのを待っているのだ。

謝辞

エヴェレット・ドルマン教授、ドクター・ブレディン・ボーウェン、サンギータ・アブドゥ・ジョディ、アードマン・アニメーションズ、空軍少将ポール・ゴドフリー、ジョン・ビュー教授、イギリス国立宇宙センター、そして外交や諜報の世界の人々、惜しみなく時間を割き知識を与え、だが匿名であることを望んだ方々に感謝したい。

そしていつものように、エリオット&トンプソンのチームのみんなに深謝。わたしが望むものを書く自由を与えてくれたローン・フォーサイス。ジェニー・コンデルとピッパ・クレーンは原稿を読みやすくしてくれた。エイミー・グリーヴスとマリアン・ソーンデールにも感謝を。

default/files/atoms/files/vidal_russia_space_policy_2021_.pdf

Weeden, Brian, '2007 Chinese anti-satellite test fact sheet', Secure World Foundation; https://swfound.org/media/9550/chinese_asat_fact_sheet_updated_2012.pdf

Whitehouse, David, *Space 2069* (London: Icon Books, 2021)

Wilford, John Noble, 'Russians finally admit they lost race to Moon', *New York Times*, 18 December 1989; https://www.nytimes.com/1989/12/18/us/russians-finallyadmit-they-lost-race-to-moon.html

Zhao, Yun, 'Space commercialization and the development of space law', *Oxford Research Encyclopedia of Planetary Science* (2018); www.doi.org/10.1093/acrefore/9780190647926.013.42

inaugural-address
'Reaction to the Soviet satellite', memo to White House staff, 15 October 1957; https://www.eisenhowerlibrary.gov/sites/default/files/research/onlinedocuments/sputnik/reaction.pdf
Reesman, Rebecca, and Wilson, James, 'The physics of space war: How orbital dynamics constrain space-to-space engagements', Center for Space Policy and Strategy, Aerospace, 16 October 2020; https://csps.aerospace.org/sites/default/files/2021-08/Reesman_PhysicsWarSpace_20201001.pdf
Sagan, Carl, *Billions and Billions* (London: Random House, 1997)（『百億の星と千億の生命』、滋賀陽子、松田良一訳、新潮社）
Sagan, Carl, Cosmos (London: Random House, 1980)（『COSMOS』、木村繁訳、朝日新聞出版社）
Salas, Erick Burgueno, 'Government expenditure on space programs in 2020 and 2022, by major country', Statista; https://www.statista.com/statistics/745717/global-governmental-spending-on-space-programs-leading-countries/
Sankaran, Jaganath, 'Russia's anti-satellite weapons: An asymmetric response to U.S. aerospace superiority', Arms Control Association, March 2022; https://www.armscontrol.org/act/2022-03/features/russias-anti-satellite-weaponsasymmetric-response-us-aerospace-superiority
'Satellite-derived time and position: A study of critical dependencies', Government Office for Science, 30 January 2018; https://assets.publishing.service.gov.uk/government/uploads/system/uploads/attachment_data/file/676675/satellitederived-time-and-position-blackett-review.pdf
SBSS (Space-based Surveillance System), eoPortal; https://www.eoportal.org/satellite-missions/sbss#sbss-space-based-surveillance-system
Silverstein, Benjamin, and Panda, Ankit, 'Space is a great commons. It's time to treat it as such', Carnegie Endowment for International Peace, 9 March 2021; https://carnegieendowment.org/2021/03/09/space-is-great-commons.-it-s-time-to-treatit-as-such-pub-84018
South African Astronomical Observatory, www.saao.ac.za
The Space Cafe Podcast, SpacewatchGlobal; https://spacewatch.global/space-cafepodcast-archive/
'Space: Investing in the Final Frontier', Morgan Stanley Research, 24 July 2020; https://www.morganstanley.com/ideas/investing-in-space
'Sputnik: The beep heard round the world, the birth of the Space Age', NASA [podcast]; https://www.nasa.gov/multimedia/podcasting/jpl-sputnik-20071002.html
'Tactical lasers', GlobalSecurity.org; https://www.globalsecurity.org/military/world/russia/lasers.htm
'Treaty on Prevention of the Placement of Weapons in Outer Space and of the Threat or Use of Force against Outer Space Objects', draft texts submitted by the Russian Federation and the People's Republic of China, 12 February 2008; https://digitallibrary.un.org/record/633470?ln=en
'Treaty on Principles Governing the Activities of States in the Exploration and Use of Outer Space, including the Moon and Other Celestial Bodies', United Nations Office for Outer Space Affairs, 19 December 1966; https://www.unoosa.org/oosa/en/ourwork/spacelaw/treaties/outerspacetreaty.html
United States Space Priorities Framework, December 2021; https://www.whitehouse.gov/wp-content/uploads/2021/12/United-States-Space-Priorities-Framework-_-December-1-2021.pdf
'USAID safeguards internet access in Ukraine through public-private-partnership with SpaceX', United States Agency for International Development (USAID)
Press Release, 5 April 2022; https://www.usaid.gov/news-information/press-releases/apr-05-2022-usaid-safeguards-internet-access-ukraine-throughpublic-private-partnership-spacex
Vidal, Florian, 'Russia's space policy: The path of decline?', French Institute of International Relations (2021); https://www.ifri.org/sites/

Kaku, Michio, *The Future of Humanity: Terraforming Mars, Interstellar Travel, Immortality, and Our Destiny Beyond* (London: Penguin Random House, 2019)（『人類、宇宙に住む：実現への3つのステップ』、斉藤隆央訳、NHK出版）

Kameswara Rao, N., 'Aspects of prehistoric astronomy in India', Bull. Astr. *Soc. India*, vol. 33 (2005), pp. 499–511; https://www.astron-soc.in/bulletin/05December/3305499-511.pdf

Khan, Z., and Khan, A., 'Chinese capabilities as a global space power', *Astropolitics*, vol. 13, no. 2 (2015), pp. 185–204; www.doi.org/10.1080/14777622.2015.1084168

Korenevskiy, N., 'The role of space weapons in a future war', Central Intelligence Agency, 7 September 1962; https://www.cia.gov/library/readingroom/document/cia-rdp33-02415a000500190011-3

Letter from President Kennedy to Chairman Khrushchev, 21 June 1961, Foreign Relations of the United States, 1961–1963, volume VI, Kennedy–Khrushchev Exchanges; https://history.state.gov/historicaldocuments/frus1961-63v06/d17

Li, C., Wang, C., Wei, Y., and Lin, Y., 'China's present and future lunar exploration program', Science, vol. 365, no. 6450 (2019), pp. 238–9; www.doi.org/10.1126/science.aax9908

Maltsev, V. V., and Kurbatov, D. V., 'International legal regulation of military space activity', *Military Thought: A Russian Journal of Military Theory and Strategy*, vol. 15, no. 1 (2006)

'Mars & Beyond', SpaceX; www.spacex.com/human-spaceflight/mars/

Massimino, Mike, *Spaceman: An Astronaut's Unlikely Journey to Unlock the Secrets of the Universe* (London: Simon & Schuster, 2017)

Memorandum of Understanding between the National Aeronautic and Space Administration and the United States Space Force, 2020; https://www.nasa.gov/sites/default/files/atoms/files/nasa_ussf_mou_21_sep_20.pdf

'Military lunar base program, volume 1', US Air Force Ballistic Missile Division, 1960; https://nsarchive2.gwu.edu/NSAEBB/NSAEBB479/docs/EBB-Moon03.pdf

'Military uses of space', Parliamentary Office of Science and Technology, December 2006; https://researchbriefings.files.parliament.uk/documents/POST-PN-273/POST-PN-273.pdf

Ministerial Statement to the Parliament of Australia by Minister for Defence Mr Stephen Smith, 26 June 2013, Hansard P7071; https://parlinfo.aph.gov.au/parlInfo/search/display/display.w3p;query=Id%3A%22chamber%2Fhansardr%2F4d60a662-a538-4e48-b2d8-9a97b8276c77%2F0016%22

Mosteshar, Sa'id, 'Space law and weapons in space', *Oxford Research Encyclopedia of Planetary Science* (2019); www.doi.org/10.1093/acrefore/9780190647926.013.74

National Tracking Poll #210264, February 12–15, 2021, Morning Consult; https://assets.morningconsult.com/wp-uploads/2021/02/24152659/210264_crosstabs_MC_TECH_SPACE_Adults_v1_AUTO.pdf

The North Atlantic Treaty, 4 April 1949; https://www.nato.int/cps/en/natolive/official_texts_17120.htm

NPP Advent, presentation on a mobile laser system to shoot down drones;https://ppt-online.org/928735

Oberg, James E., 'Yes, there was a Moon race', *Air & Space Forces Magazine*, 1 April 1990; https://www.airandspaceforces.com/article/0490moon/

'On the state and development of the space industry and the desire to fly into space', Public Opinion Foundation (FOM) Russia; https://fom.ru/Budushchee/14192

Oughton, Edward J., Skelton, Andrew, Horne, Richard B., Thomson, Alan W. P., and Gaunt, Charles T., 'Quantifying the daily economic impact of extreme space weather due to failure in electricity transmission infrastructure', *Space Weather*, vol. 15, no. 1 (2017), pp. 65–83; www.doi.org/10.1002/2016SW001491

President John F. Kennedy's Inaugural Address (1961); www.archives.gov/milestone-documents/president-john-f-kennedys-

Issue-2/Chow.pdf

David, Leonard, 'Is war in space inevitable?', Space.com, 11 May 2021; https://www.space.com/is-space-war-inevitable-anti-satellite-technoloy

Defence Space Strategy, Royal Australian Airforce; https://www.airforce.gov.au/our-work/strategy/defence-space-strategy

'Defence Space: Through adversity to the stars?', House of Commons Defence Committee, Third Report of Session 2022–23, 19 October 2022; https://committees.parliament.uk/publications/30320/documents/175331/default/

Doboš, B., 'Geopolitics of the Moon: A European perspective', *Astropolitics*, vol. 13, no. 1 (2015), pp. 78–87; www.doi.org/10.1080/14777622.2015.1012005

Dolman, E., 'Geostrategy in the space age: An astropolitical analysis', *Journal of Strategic Studies*, vol. 22, nos 2–3 (1999), pp. 83–106

Foust, Jeff, 'Defanging the Wolf Amendment', The Space Review, 3 June 2019; https://www.thespacereview.com/article/3725/1

Gillett, Stephen L., 'L5 news: The value of the moon', National Space Society, August 1983; https://space.nss.org/l5-news-the-value-of-the-moon/

Goh, Deyana, 'The life of Qian Xuesen, father of China's space programme', SpaceTech Asia, 23 August 2017; https://www.spacetechasia.com/qian-xuesenfather-of-the-chinese-space-programme/

Goldsmith, Donald, and Rees, Martin, 'Do we really need to send humans into space?', *Scientific American*, 6 March 2020; https://blogs.scientificamerican.com/observations/do-we-really-need-to-send-humans-into-space/

Goldsmith, Donald, and Rees, Martin, *The End of Astronauts: Why Robots Are the Future of Exploration* (Cambridge, MA: Belknap Press 2022)

Grid Assurance; https://gridassurance.com

Gwertzman, Bernard, 'US officials deny pressure on Paris to go into Chad', *New York Times*, 18 August 1983; https://www.nytimes.com/1983/08/18/world/us-officials-deny-pressure-on-paris-to-go-into-chad.html

Hayden, Brian, and Villeneuve, Suzanne, 'Astronomy in the Upper Palaeolithic?', *Cambridge Archaeological Journal*, vol. 21, no. 3 (2011), pp. 331–55; www.doi.org/10.1017/S0959774311000400

Haynes, Korey, 'When the lights first turned on in the universe', Astronomy.com, 23 October 2018; www.astronomy.com/news/2018/10/when-the-lights-firstturned-on-in-the-universe

Hendrickx, B., 'Kalina: A Russian ground-based laser to dazzle imaging satellites', The Space Review, 5 July 2022; https://www.thespacereview.com/article/4416/1

Hilborne, Mark, 'China's space programme: A rising star, a rising challenge', China in the World, Lau China Institute Policy Series 2020; https://www.kcl.ac.uk/lci/assets/ksspplcipolicyno.2-final.pdf

Horvath, Tyler, Hayne, Paul O., and Paige, David A., 'Thermal and illumination environments of lunar pits and caves: Models and observations from the diviner lunar radiometer experiment', *Geophysical Research Letters*, vol. 49, no. 14 (2022); www.doi.org/10.1029/2022GL099710

'International Space Station legal framework', The European Space Agency; https://www.esa.int/Science_Exploration/Human_and_Robotic_Exploration/

International_Space_Station/International_Space_Station_legal_framework

'Jodrell Bank Lovell Telescope records Luna 15 crash', YouTube; www.youtube.com/watch?v=MJthrJ5xpxk

'Joined by Allies and Partners, the United States imposes devastating costs on Russia', White House fact sheet, 24 February 2022; https://www.whitehouse.gov/briefing-room/statements-releases/2022/02/24/fact-sheet-joined-by-alliesand-partners-the-united-states-imposes-devastating-costs-on-russia/

Joint Statement Between CNSA And ROSCOSMOS Regarding Cooperation for the Construction of the International Lunar Research Station, 29 April 2021; http://www.cnsa.gov.cn/english/n6465652/n6465653/c6811967/content.html

参考文献

'African space strategy: Towards social, political and economic integration', African Union Commission, 7 October 2019; https://au.int/sites/default/files/documents/37434-doc-auspacestrategyisbn-electronic.pdf

Ancient Origins, www.ancient-origins.net

'Apollo 11 Astronauts Return from the Moon, 24 July 1969', Richard Nixon Foundation; https://www.nixonfoundation.org/2011/07/7-24-1969-apollo-11-astronauts-return-from-the-moon/

The Artemis Accords, NASA, 13 October 2020; https://www.nasa.gov/specials/artemis-accords/img/Artemis-Accords-signed-13Oct2020.pdf

Bowen, Bleddyn E., *Original Sin* (London: Hurst Publishers, 2022)

Bowen, Bleddyn E., 'Space is not a high ground', SpaceWatch.Global, April 2020; https://spacewatch.global/2020/04/spacewatch-column-april/

Brunner, Karl-Heinz, 'Space and security – NATO's role', Science and Technology Committee, NATO Parliamentary Assembly, 10 October 2021; https://www.nato-pa.int/download-file?filename=/sites/default/files/2021-12/025%20STC%2021%20E%20rev.%202%20fin%20-%20SPACE%20AND%20SECURITY%20-%20BRUNNER.pdf

Brzeski, Patrick, '*Wandering Earth* director Frank Gwo on making China's first sci-fi blockbuster', *Hollywood Reporter,* 20 February 2019; https://www.hollywoodreporter.com/movies/movie-news/wandering-earth-director-making-chinas-first-sci-fi-blockbuster-1187681/

Brzezinski, Matthew, *Red Moon Rising: Sputnik and the Rivalries that Ignited the Space Age* (London: Bloomsbury, 2007)（『レッドムーン・ショック：スプートニクと宇宙時代のはじまり』、野中香方子訳、日本放送出版協会）

Central Committee Presidium Decree, 'On the creation of an artificial satellite of the Earth', 8 August 1955, Wilson Center Digital Archive; https://digitalarchive.wilsoncenter.org/document/cpsu-central-committee-presidium-decree-creationartificial-satellite-earth

Chief of Space Operations Planning Guidance 2020, Space Force; https://media.defense.gov/2020/Nov/09/2002531998/-1/-1/0/CSO%20PLANNING%20GUIDANCE.PDF

China National Space Administration; http://www.cnsa.gov.cn/english/

'China's film authority hails *The Wandering Earth*', Global Times, 22 February 2019; http://en.people.cn/business/n3/2019/0222/c90778-9548796.html

'China's Space Program: A 2021 Perspective', The State Council Information Office of the People's Republic of China, January 2022; https://english.www.gov.cn/archive/whitepaper/202201/28/content_WS61f35b3dc6d09c94e48a467a.html

Chow, Brian G., 'Stalkers in space: Defeating the threat', *Strategic Studies Quarterly*, vol. 11, no. 2 (2017); https://www.airuniversity.af.edu/Portals/10/SSQ/documents/Volume-11_

【著者】ティム・マーシャル（Tim Marshall）

1959年、イギリス生まれ。コソヴォ紛争やアフガニスタン侵攻、アラブの春など国際情勢の最前線を現地取材してきたジャーナリスト。著書に世界的ベストセラー『恐怖の地政学』、『国旗で知る国際情勢』など。

【訳者】甲斐理恵子（かい・りえこ）

翻訳家。北海道大学卒業。おもな訳書にマーシャル『恐怖の地政学』、ロビンソン『世界史を変えた戦い』、デイヴィソン『ピクルスと漬け物の歴史』、アルボム『時の番人』などがある。

THE FUTURE OF GEOGRAPHY
by Tim Marshall

宇宙地政学と覇権戦争

無法地帯の最前線

●

2024年3月29日　第1刷

著者…………ティム・マーシャル

訳者…………甲斐理恵子

装幀…………岡孝治

発行者…………成瀬雅人

発行所…………株式会社原書房

〒160-0022 東京都新宿区新宿 1-25-13
電話・代表 03（3354）0685
http://www.harashobo.co.jp
振替・00150-6-151594

印刷…………新灯印刷株式会社
製本…………東京美術紙工協業組合

ISBN978-4-562-07400-6, Printed in Japan